KB089023

역사를 바꾼 17가지 화학 이야기 1

NAPOLEON'S BUTTONS

by Penny Le Couteur and Jay Burreson

Copyright © Micron Geological Ltd. and Jay Burreson 2003
All rights reserved.
Korean Translation Copyright © ScienceBooks 2007, 2022
Korean translation edition is published by arrangement with Jeremy P. Tarcher,
a member of Penguin Group (USA) Inc. through Alex Lee Agency.

이 책의 한국어판 저작권은 Alex Lee Agency를 통해 Jeremy P. Tarcher, a member of Penguin
Group (USA) Inc.와 독점 계약한 (주)사이언스북스에 있습니다.
저작권법에 의해 한국 내에서 보호를 받는 저작물이므로 무단 전재와 무단 복제를 금합니다.

Napoleon's Buttons

역사를 바꾼 17가지

17 화학

비타민에서 나일론까지, 세계사 속에 숨겨진 화학의 비밀

이야기 ①

페니 르 쿠터, 제이 버레슨   곽주영 옮김

사이언스북스
SCIENCE
BOOKS

가족들에게 이 책을 바칩니다.

1권 차례

2권 차례

● 일러두기 이 책에 등장하는 원소와 화합물의 우리말 이름은 1998년에 대한화학회에서 제정한 화합물 명명법을 따라 표기했습니다.

나폴레옹의 단추

못 하나가 빠져 편자를 잃고

편자가 없어 말을 잃고

말이 없어 기수(騎手)를 잃고

기수가 없어 전쟁에 지고

전쟁에 져 왕국을 잃고

못 하나 때문에 모든 것을 잃고

— 영국의 옛날 자장가

1812년 6월, 막강했던 나폴레옹의 군대는 그 수가 60만을 헤아렸다. 그러나 그해 12월 초, 한때 자랑스러웠던 나폴레옹의 위대한 군대는 1만 명 미만으로 줄어들어 있었다. 나폴레옹의 잔여 병력은 누더

기를 두른 채 서러시아 보리소프 인근의 베레지나 강을 건너 모스크 바로부터 멀어지는 기나긴 퇴각 길에 올랐다. 강을 건너는 도중 러시아의 공격을 받고 살아남은 병사들은 굶주림, 질병, 온몸이 마비되는 추위라는 또 다른 복병(이미 러시아 군대에 패퇴했던 다른 전우들도 똑같이 직면했던 굶주림, 질병, 추위)에 직면했다. 이들 중 반 이상은 죽은 운명이었고 더구나 러시아 겨울의 혹독한 추위에서 살아남기에는 옷과 장비가 형편없었다. 나폴레옹의 퇴각으로 유럽의 지도가 크게 바뀌었다. 1812년, 당시 러시아 인구의 90퍼센트는 농노였다. 농노는 지주에게 완전히 귀속된 재산으로 지주 마음대로 사고, 팔 수 있었다. 러시아의 농노는 서유럽 농노와 달리 노예나 다름없는 신분이었다. 나폴레옹 군대가 지난 자리에는 프랑스 혁명(1789~1799년)의 원칙과 이상이 들어서서 중세의 사회 제도를 타파하고, 정치 지형을 바꾸고, 민족주의를 고취했다. 나폴레옹이 남긴 유산도 도움이 되었다. 지역마다 달라 혼란스러웠던 법규 체제 대신 통일된 민주 정부들과 법전들이 들어섰고 개인, 가정, 재산권에 대한 새로운 개념들이 도입되었다. 십진법 체계로 정비된 도량형은 지역마다 다른 수백 가지의 도량형을 대신하는 표준이 되었다.

무엇이 나폴레옹의 위대한 군대를 몰락시켰을까? 왜 나폴레옹의 군대는 이전 전투에서는 승리하고 러시아 전투에서는 패했을까? 지금부터 이야기하고자 하는 너무나 이상한 이론 중 하나는 옛날 영국 자장가 구절을 살짝 바꾼 다음 말로 요약될 수 있다. "단추 하나 때문에 모든 것을 잃고." 놀랍게 들릴지 모르겠지만 나폴레옹 군대는 단추와 같은 아주 사소한 것 때문에 몰락했을지도 모른다. 정확히 말하

면 이 단추는 나폴레옹 군대 장교들의 외투를 비롯, 보병들의 바지와 재킷을 채우는 데 쓰였던 주석(tin) 단추를 가리킨다. 광택을 띤 금속성의 주석은 기온이 떨어지면 푸석푸석한 비금속성 흰색 가루로 변하기 시작한다. 가루로 변했다고 해도 주석은 여전히 주석이다. 단지 구조적인 형태만 다를 뿐이다. 나폴레옹 군대의 주석 단추도 푸석푸석하게 변했을까? 보리소프에서 퇴각하는 나폴레옹 군대를 목격한 사람의 말에 따르면 나폴레옹 군대는 "여성 망토와 오래된 카펫 조각, 구멍이 숭숭 나 있고 불에 탄 외투를 덮어쓰고 있어 꼭 유령 같았다." 주석으로 된 군복 단추가 떨어져 나가면서 혹한의 추위에 노출된 나폴레옹 군대는 전투 기능을 상실했던 것일까? 군복 단추가 떨어져 나가면서 나폴레옹 군대는 무기를 잡는 대신 옷을 여며야 했을지도 모른다.

이 이론의 진상을 밝히기 위해서는 풀어야 할 숙제가 많다. 주석병(Tin disease, 주석이 푸석푸석해지는 것을 일컫는 말)은 수세기 전부터 북유럽에 잘 알려져 있었다. 자신의 군대는 전투 준비에 조금도 빈틈이 없다고 확신했던 나폴레옹이 병사들의 군복에 주석 단추를 쓰도록 허락한 이유는 무엇일까? 1812년의 러시아 겨울이 아주 추웠다고 해도 주석의 변질은 꽤 천천히 일어나는 현상이다. 그럼에도 불구하고 주석 이야기에는 생각할 거리가 많으며, 화학자들은 나폴레옹이 패배한 화학적 근거로 이 주석 가설을 인용하기 좋아한다. 만약 주석 가설에 어떤 진실이 숨어 있다면, 즉 주석이 겨울 추위에 변질되지 않았다면 나폴레옹은 계속해서 모스크바로 진군할 수 있지 않았을까? 러시아 인들은 농노의 신분을 반세기 빨리 벗어던질 수 있지 않았을까? 나폴레옹의 영향력이 지금까지 지속된다고 전제한다면, 서유럽과 동유럽

(당시 나폴레옹 제국과 크기가 비슷했다.)의 차이가 지금도 존재할까?

금속은 인류 역사에서 중요한 역할을 했다. 나폴레옹의 단추처럼 진위가 의심스러운 부분은 차치하고라도 잉글랜드 남부 콘월 지방에서 채굴된 주석은 로마 인들에게 인기가 매우 높았고 로마 제국이 영국까지 영토를 확장한 하나의 원인이 되었다. 아메리카 대륙에서는 1650년까지 1만 6000톤으로 추정되는 은이 채굴되었고 스페인과 포르투갈은 부자가 되었다. 이 은의 대부분은 스페인과 포르투갈이 유럽 대륙에서 벌인 전쟁들에 쓰였다. 금 탐사와 은 탐사는 탐험과 정착과 수많은 지역 환경에 엄청난 영향을 미쳤다. 예를 들면 19세기 미국 캘리포니아, 오스트레일리아, 남아프리카, 뉴질랜드, 캐나다 클론다이크 지방 등은 골드러시 덕분에 개발 기회를 얻었다. 영어에는 금을 연상시키는 단어나 어구가 많다. '가짜 금덩어리(goldbrick)', 통화의 '금본위제(gold standard)', (어린 아이가) '아주 착한(good as gold)', 65세 이후를 의미하는 '노후(golden years)'가 그것이다. 금속의 중요성 때문에 금속의 이름을 따 시대 이름이 정해졌다. 청동기 시대에는 청동(주석과 구리의 합금)이 무기와 도구로 쓰였고 철기 시대에는 철을 녹여서 도구를 만들어 사용했다.

그런데 역사 형성에 일조한 것이 주석과 황금, 철 같은 금속뿐이었을까? 금속은 원소(element, 화학적 작용으로 더 이상 간단한 물질로 분해되지 않는 물질)이다. 자연계에 천연적으로 존재하는 원소는 90가지이며 미량으로 존재하는 나머지 19가지 원소는 인공적으로 만들어진 것이다. 하지만 둘 이상의 원소를 일정한 비율로 화학적으로 결합하면 약 700만 가지 화합물이 만들어진다. 역사에는 틀림없이 매우 중요한 역할을 담당했던 화합물, 그것이 없었다면 인류 문명의 발전은 지금과는 매우 다르게 진행되었을 화합물, 역사적 사건들의 경로를 바꿔 놓은 화합물이 있었을 것이다. 이것은 흥미로운 생각이며 이 책을 일관되게 묶어 주는 근본 원리이기도 하다.

우리가 잘 알고 있는 화합물과 잘 모르고 있는 화합물을 이런 색다른 관점에서 바라보면 아주 재미있는 이야기가 나온다. 1677년 브레다 조약에서 네덜란드는 북아메리카에서 유일하게 소유했던 맨해튼 섬을 영국에 양도하고 인도네시아의 런 섬을 얻었다. 런 섬은 지금의 인도네시아의 자바 섬 동쪽에 있는 향료 제도(몰루카 제도)에 속한 반다 제도의 조그마한 산호섬이다. 영국은 런 섬(여기서 얻을 수 있는 것은 육두구(nutmeg. 열대성 상록수)뿐이었다.)에 대한 합법적인 권리를 포기하는 대신 세계 반대편에 있는 조그마한 섬, 맨해튼에 대한 권리를 얻는다.

시간을 거슬러 올라가 보자. 네덜란드의 청탁으로 고용된 헨리 허드슨이 동인도와 향료 제도로 통하는 북서 통로를 찾다가 맨해튼을 발견하자 네덜란드는 맨해튼을 자국 영토로 선포했다. 그런데 1664년, 뉴암스테르담(네덜란드가 오늘날의 뉴욕에 건설한 식민 도시) 총독인 피터 스투이베산트가 영국에게 맨해튼을 내줄 수밖에 없게 된다. 여기에 불복한 네덜란드 인들이 맨해튼과 기타 지역에 대한 영토권을 주장하며 영국에 저항하면서 거의 3년에 걸친 영국과 네덜란드의 전쟁이 벌어졌다. 한편, 영국이 런 섬을 차지했던 사건 이래 네덜란드는 줄곧 심기가 불편했는데 이는 런 섬만 있으면 네덜란드가 육두구 무역을 독점할 수 있기 때문이었다. 오래 전부터 이 지역에서 무자비한 식민 지배, 대량 학살, 노예 사냥을 자행해 온 전력이 있는 네덜란드로서는 영국이 수익이 많이 남는 향료 무역에 손끝이라도 대는 걸 허락하지 않을 심산이었다. 결국 네덜란드는 4년간에 걸친 포위 공격과 유혈이 낭자한 전투 끝에 런 섬을 점령했고 영국은 이에 대한 보복으로 짐을 가득 실은 네덜란드 동인도 회사의 선박을 공격했다.

네덜란드는 동인도 회사의 피해 보상과 뉴암스테르담의 반환을 요구했고 영국은 런 섬의 피해 보상과 런 섬 반환을 요구했다. 어느 쪽도 주장을 철회할 기미가 보이지 않았고 전쟁에서 승리를 장담할 수도 없는 상황에서, 브레다 조약은 양국이 체면을 세울 수 있는 기회가 되었다. 영국은 런 섬에 대한 주장을 철회하는 대신 맨해튼 섬을 가지기로 했다. 영국 국기가 뉴암스테르담(뉴욕으로 이름이 바뀌고)에 올라갈 때만 해도 네덜란드가 영국보다 더 유리한 계약을 맺은 것 같았다. 육두구 무역이 가져다주는 막대한 이익에 비하면 고작 인구 1000명 정도가 정착한 작은 마을을 가치 있다고 여길 사람은 그다지 많지 않았던 것이다.

육두구가 왜 그리 중요했을까? 정향(丁香, clove), 후추, 계피 같은 향신료들처럼 육두구는 유럽에서 식품의 보관, 향신료, 의약품으로 널리 쓰였던 물질이다. 그런데 육두구는 한 가지 더 중요한 용도가 있었다. 페스트, 즉 14세기와 16세기 사이에 주기적으로 유럽을 휩쓸었던 흑사병을 예방한다고 여겨졌던 것이다.

물론 우리는 흑사병이 감염된 쥐가 운반한 벼룩이 사람을 물어서 전염되는 세균성 질병임을 알고 있다. 중세 시대에 흑사병을 물리치기 위해서 목 주위에 육두구를 담은 작은 자루를 두르는 것은 우리가 보기에 미신으로 보일 것이다(우리가 육두구의 화학적 특성을 알게 되기 전까지는 말이다.). 육두구의 독특한 향기는 아이소유게놀(isoeugenol)이라는 물질의 향기이다. 식물들은 천연 살충제로 아이소유게놀 같은 물질을 생성해서 잎을 뜯어 먹는 동물이나 벌레, 곰팡이의 침투를 막는다. 육두구에 있는 아이소유게놀이 천연 살충제 역할을 해서 벼룩을 물리치는 것은 충분히 가능한 일이다(만약 여러분이 육두구를 살 만큼 형편이 넉넉했다면 여러분은 아마 인구 밀도가 희박한 지역에서 살았을 것이고 그만큼 쥐와 벼룩이 적었을 터이니 흑사병에 노출되는 정도가 덜했을 것이다.).

육두구가 흑사병에 효과적이었는지 여부를 떠나 육두구에 들어있는 휘발성 방향(芳香) 분자들은 분명히 대단한 평가를 받을 만하다. 아이소유게놀 덕분에 향료 무역에 뒤이어 탐험과 개척이 이루어졌고 브레다 조약이 맺어졌으며 뉴암스테르다머(New Amsterdamer) 대신 뉴요커(New Yorker)라는 말이 탄생했다.

아이소유게놀 이야기는 세상을 바꾼 기타 수많은 화학 물질(어떤 화학 물질은 잘 알려져 있고, 어떤 것은 세계 경제와 인류 보건에 여전히 매우 중요하고, 어떤 것은 역사 속에서 사라져 갔다.)을 다시 생각해 보게 만든다. 화학 물질들은 역사 속의 중요한 사건 또는 사회를 변화시켰던 일련의 사건들을 일으킨 계기가 되었다.

우리가 이 책을 쓰기로 한 것은 화학적 구조와 역사적 일화의 매혹적인 관련성을 이야기하고, 눈으로 보기에 아무 관련 없어 보이는 사건들이 알고 보면 유사한 화학 구조에 바탕을 둔 사건임을 밝혀 보고, 사회 발전이 특정 화합물의 화학에 얼마나 영향을 받았는지 이해하고자 하는 의도에서 비롯된 것이다.

중대한 역사적 사건이 분자(2개 이상의 원자가 특정 배열로 결합되어 있는 것)처럼 작은 무언가의 영향을 받았을지도 모른다는 생각은 인류 문명의 발전을 이해하는 새로운 접근법을 제시해 준다. 분자 내 원자 결합의 작은 위치 변화가 물질의 성질을 크게 변화시킬 수도 있고 결과적으로 역사의 방향을 바꿔 놓을 수도 있다. 따라서 이 책은 화학의 역사에 대한 책이 아니라 역사 속의 화학에 대한 책이다.

이 책에 어떤 분자를 포함시킬까 하는 것은 주관적인 문제라서 우리가 선정한 17개의 분자는 세계사를 바꾼 모든 분자를 망라한 것이 아니다. 우리는 역사적으로 화학적으로 가장 재미있다고 생각되는 화합물을 골랐다. 이 분자들이 세계사에서 정말 가장 중요한가 하는 여부는 보는 사람의 시각에 따라 다를 것이다(동료 화학 교수들은 주저하지 않고 우리 목록에 다른 분자를 추가하기도 하고 우리가 논한 분자들 중의 일부를 빼기도 할 것이다.). 이 책에서 우리는 지리 탐험의 동기가 된 분자들과 대항해 시대를 시작하게 한 분자들, 무역과 상업을 발달시킨 분자들을 알아볼 것이다(무역과 상업의 발달로 인구 이동과 식민지화가 일어났고 이것은 결국 노예 제도와 강제 노동으로 귀결되었다.). 분자의 화학 구조가 우리 의식주를 어떻게 바꿔 놓았는지 알아보고 의학, 공중 보건, 개인 건강의 진보에 박차를 가한 분자들을 살펴볼 것이다. 또한 공학 분야의 위대한 업적을 달성하게 만들었던 분자와 전쟁과 평화를 가져온 분자를 살펴볼 것이다(어떤 분자는 수백만의 목숨을 앗아가고 어떤 분자는 수백만의 목숨을 구했다.). 몇 가지 안 되는 (그러나 결정적인) 분자들의 화학 구조 때문에 성역할, 인류 문화와 사회, 법률, 환경이 얼마나 많이 바뀌었는지도 살필 것이다. 우리가 이 책에서 주목해서 보고자 선택한 17개의 분자들이 서로 전혀 무관하기만 한 것은 아니다. 화학 구조와 특성, 역사 속에서의 역할 면에서 많은 경우 서로 간의 높은 유사성과 연관성을 보여 주기도 한다.

이 책의 17개 이야기들은 연대기적 순서로 나열된 것은 아니다. 대신, 분자의 유사성이나 분자 집합의 연관성, 화학적으로는 달라도 특성이 비슷하거나 유사한 사건과 연결될 수 있는 분자의 연관성을 기준으로 분류했다. 예를 들어 산업 혁명은 미국 농장에서 노예를 착취해 수확한 화합물인 설탕을 팔아 번 돈으로 시작되었지만 산업 혁명을 본격화해 영국의 경제적·사회적 변화에 에너지를 공급했던 것은 다른 화합물, 즉 면화였다(화학적으로 보면 면화가 설탕의 형 또는 사촌이다.). 19세기 후반, 독일의 화학 산업이 성장할 수 있었던 것은 콜타르(coal tar, 석탄에서 가스를 생산한 뒤에 나오는 폐기물)에서 만들어진 새로운 염료의 개발 덕이었다. 독일 화학 회사들은 새로운 염료의 화학 구조와 유사한 화학 구조를 지닌 분자를 이용해서 세계 최초로 인공 항생제를 개발했다. 또한 콜타르에서 최초의 소독제인 페놀이 만들어졌고 페놀에서 최초의 인공 플라스틱이 만들어졌다. 페놀은 화학적으로 아이소유게놀(육두구에 있는 방향족 화합물)과 관련된 물질이다. 이런 화학적 연관성은 역사 속에서 흔히 볼 수 있다.

우리는 또한 수많은 화학적 발견이 우연하게 일어났다는 사실에 흥미를 느낀다. 흔히 우리는 운이 따라 줬기 때문에 중요한 발견이 이루어졌다고 이야기하지만 그것보다 더 중요한 것은 뭔가 이상한 일이 일어났다는 걸 감지해 내는 (그리고 그것이 왜 일어났는지 그것이 얼마나 유용할지를 질문하는) 발견자의 능력인 것 같다. 많은 경우, 화학 실험 중에 발생한 이상한 (그러나 매우 중요한) 결과는 무시되어 버린다(그리고 기회도 사라진다.). 예상치 못한 결과에서 새로운 가능성을 인식하는 능력은 요행수로 치부될 것이 아니라 칭찬받아야 마땅하다. 이 책에 나오는 물질을 발명하거나 발견한 사람들 중에는 화학자들도 있지만 과학 교육을 전혀 받지 못한 사람들도 있다. 그들은 대부분 한 가지 일에 몰두하거나 그 일을 하지 않고는 못 배기는 경향이 있다. 이 못 말리는 사람들의 이야기는 매혹적이다.

유기 화합물이란 무엇인가?

이 책에서 접하게 될 화학적 맥락을 이해할 수 있도록 우선 화학 용어에 대한 간단한 정리를 하고자 한다. 이 책에 언급되는 물질의 대부분은 유기 화합물(organic compound)이다. 지난 20~30년간 유기 화합물이라는 말은 원래의 정의와는 매우 다른 의미로 쓰였다. 요즘 '유기'라는 말은 일반적으로 (인공 살충제나 제초제나 화학 비료를 쓰지 않고 농사짓는) 유기농과 관련해서 쓰이고 있다. 그러나 원래 유기 화합물이라는 말은 200년 전인 1807년, 스웨덴 화학자 욘스 야콥 베르첼리우스가 살아 있는 유기체에서 얻은 화합물을 유기 화합물이라고 부른 데서 유래했다. 베르첼리우스는 유기 화합물에 반대되는 말로 무기 화합물(inorganic compounds)이라는 말을 사용했는데 무기 화합물은 살아 있는 유기체에서 나오지 않는 물질을 의미하는 것이었다.

자연으로부터 얻은 유기 화합물이 특별하다는 생각, 즉 유기 화합물이 (검출하거나 측량할 수는 없지만) 생명의 정수를 담고 있다는 생각은

18세기 이후 널리 퍼졌다. 생명의 정수는 생명 에너지(vital energy)로 알려졌다. 식물이나 동물에서 얻은 유기 화합물에 초자연적인 뭔가가 있다는 믿음은 생기론(vitalism)으로 불렸다. 실험실에서 유기 화합물을 만든다는 것은 유기 화합물의 정의에 따르면 불가능했다. 그러나 아이러니하게도 베르첼리우스의 제자 가운데 한 명이 이 일을 해냈다. 1828년, 프리드리히 뵐러는 무기 화합물인 암모니아를 시안산과 함께 가열해서 요소(urea) 결정을 만들었는데(뵐러는 나중에 독일 괴팅겐 대학교 화학과 교수가 된다.) 동물 오줌에서 분리한 요소와 똑같은 물질이었다.

생기론자들은 시안산이 응고한 피에서 채취됐기 때문에 유기 화합물이었다고 주장했지만 이후 수십 년 동안 화학자들이 무기 화합물에서 유기 화합물을 만들어 낼 수 있게 되면서 생기론은 완전히 깨졌다. 생기론이 깨졌다는 사실을 수용하지 못한 과학자들도 있었지만 생기론의 죽음은 결국 일반적으로 받아들여졌고 유기 화합물이라는 말에 대한 새로운 화학적 정의가 필요해졌다.

오늘날 유기 화합물은 탄소(carbon)를 포함하고 있는 화합물로 정의된다. 따라서 유기 화학은 탄소 화합물을 연구하는 학문이다. 그러나 이 정의가 완벽한 정의는 아니다. 왜냐하면 화학자들이 유기 화합물이라고 인정하지 않는 탄소 화합물이 많이 있기 때문이다. 이는 전통적인 이유 때문이다. 탄산염류(carbonates, 탄소와 산소의 화합물)는 광물 자원에서 나오는 것으로 알려져 있었고 뵐러의 실험 훨씬 이전에도 탄산염류가 꼭 살아 있는 생명체로부터 나오는 것은 아니라고 알려져 있었다. 따라서 대리석(탄산칼슘)과 베이킹소다(탄산수소나트륨)가 유기 화합물로 분류된 적은 없었다. 마찬가지로 탄소 원소(다이아몬드든 흑연이든) 자체도 언제나 무기 화합물로 여겨져 왔다(다이아몬드와 흑연은 원래 둘 다 땅 속 광맥에서 채굴된 것인데 오늘날에는 인공으로 만들어지고 있다.). 이산화탄소(탄소 원자 1개와 산소 원자 2개가 결합한 분자)의 존재는 수백 년 전부터 알려졌지만 유기 화합물로 분류된 적이 없다. 따라서 오늘날의 유기 화합물 정의가 완벽한 일관성이 있다고 할 수는 없다. 하지만 일반적으로 유기 화합물은 탄소를 포함하고 있는 화합물이며 무기 화합물은 탄소 이외의 원소로 구성된 화합물이다.

탄소의 결합 형성 방식은 다른 어떤 원소도 비할 바가 못 될 만큼 다양하며 탄소가 결합할 수 있는 원소의 수도 셀 수 없이 많다. 따라서 자연적으로 발생하거나 인공적으로 만들어진 탄소 화합물의 종류는 탄소 이외의 원소들이 결합해서 만들어진 화합물보다 훨씬 더 많다. 이것은 우리가 이 책에서 무기 화합물 분자보다 유기 화합물 분자를 더 많이 다루게 되는 이유이기도 하다(어쩌면 이 책을 쓴 우리 자신들이 모두 유기 화학자이기 때문일지도 모르겠다.).

꿀벌도 아는 화학 구조식

우리가 이 책을 쓰면서 가장 고민했던 부분은 화학 이야기의 분량을 결정하는 일이었다. 어떤 사람들은 화학 이야기를 최소화하고 역사 이야기만 하라고 조언했다. 특히, 어떤 화학 구조식도 그리지 말라는 조언을 했다. 하지만 우리가 가장 흥미를 느끼게 되는 부분은 화학 구조식과 그것의 결과 사이의 관계이다. 또한 화합물이 현재의 화학 구조를 가지게 된 이유와 화합물이 역사 속의 사건에 영향을 미친 과정 사이의 관계이다. 독자들은 화학 구조식을 건너뛰고 이 책을 볼 수도 있겠지만 화학 구조식을 이해하고 본다면 서로 잘 짜여진 화학과 역사의 관계가 더 실감나게 다가올 것이라는 생각이 든다.

유기 화합물은 주로 서너 가지의 원자(탄소(C), 수소(H), 산소(O), 그리고 질소(N))로 구성되어 있다. 물론 다른 원소들도 있다. 예를 들면, 브로민(Br), 염소(Cl), 불소(F), 요오드(I), 인(P), 황(S) 등도 유기 화합물에서 발견된다. 이 책에서 구조식은 유기 화합물 사이의 차이점과 유사점을 보여 주기 위해서 개괄적으로 그렸다. 독자들은 그냥 보기만 하면 된다. 화학 구조식의 차이는 대개 화살표, 원 등으로 표시되어 있다. 예를 들어 다음 두 구조식에서 유일한 차이점은 OH기(基)가 C에 붙어 있는 위치이다. 이 위치는 화살표로 표시되어 있다. 첫 번째 분자의 경우 왼쪽에서 두 번째 C에 OH기가 붙어 있다. 두 번째 분자의 경우는 왼쪽에서 첫 번째 C에 OH기가 붙어 있다. 이것은 매우 작

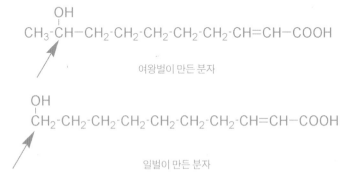

여왕벌이 만든 분자

일벌이 만든 분자

은 차이지만 독자가 꿀벌이라고 가정을 해 보면 엄청난 차이일 것이다. 첫 번째 분자는 여왕벌이 만들어 낸 분자이다. 두 번째 분자는 일벌이 만든 분자이다. 벌들은 첫 번째 분자와 두 번째 분자를 구별할 수 있다. 우리는 여왕벌과 일벌을 구별할 때 눈을 사용한다. 벌들은 화학

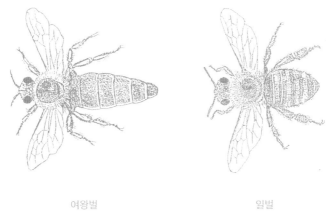

여왕벌   일벌

(그림 제공 Raymond and Sylvia Chamberlin)

적 신호를 이용해서 두 분자 사이의 차이를 구분한다. 벌들은 화학으로 본다고 할 수 있다.

화학자들은 구조식을 그려서 원자들이 화학적 결합을 통하여 서로 연결되어 있는 방식을 묘사한다. 알파벳은 원자를 나타내고 결합은 직선으로 표시되어 있다. 만약 직선이 2개(=) 그려져 있다면 이중 결합(double bond)을 의미한다. 2개의 원자 사이에 화학 결합이 3개 존재하면 이것은 삼중 결합이고 ≡로 표시한다.

가장 단순한 유기 분자 중의 하나인 메테인(methane, marsh gas)을 보

면 탄소가 4개의 단일 결합으로 둘러싸여 있는데, 단일 결합 각각은 수소 원자 1개와 연결되어 있다. 이를 화학식(chemical formula)으로 표시하면 CH_4가 되는데 구조식은 다음과 같다.

메테인

이중 결합을 가진 가장 단순한 유기 화합물은 에텐(ethene)이다. 에텐은 에틸렌(ethylene)이라고도 한다. 화학식은 C_2H_4이고 구조식은 다음과 같다.

에틸렌

에틸렌에서도 탄소는 여전히 4개의 결합을 갖고 있다(이중 결합은 2개의 결합으로 친다.). 에틸렌은 구조가 간단하지만 매우 중요한 화합물이다. 이것은 과일의 성숙을 촉진하는 식물 호르몬이다. 예를 들어 환기가 잘 안 되는 곳에 사과를 저장하면 사과에서 나온 에틸렌 기체가 창고에 쌓여서 사과가 과(過)성숙된다. 이런 이유로 덜 익은 아보카도나 키위를 빨리 익게 하고 싶으면 잘 익은 사과를 이들과 같은 가방에 넣

어 두면 된다. 잘 익은 사과에서 나오는 에틸렌이 다른 과일을 빨리 익
게 만들기 때문이다.

유기 화합물인 메탄올(methanol)은 화학식이 CH_4O이다. 메탄올은
메틸 알코올(methyl alcohol)이라고도 하고 목정(木精, alcohol wood)이라
고도 한다. 메탄올 분자는 산소 원자를 포함하고 있고 구조식은 다음
과 같다.

$$H-\overset{\displaystyle H}{\underset{\displaystyle H}{C}}-O-H$$

메탄올

여기서 산소 원자(O)는 2개의 단일 결합을 갖고 있는데 하나는 탄소
원자와 결합되어 있고 다른 하나는 수소 원자와 결합되어 있다. 여기
서도 탄소는 총 4개의 결합을 갖고 있다(탄소는 늘 4개의 결합을 가진다.).

탄소 원자와 산소 원자 사이에 이중 결합이 존재하는 화합물 중에
아세트산(acetic acid, 식초)이 있는데 아세트산의 화학식 $C_2H_4O_2$만으로
는 어떤 원자들이 이중 결합을 맺고 있는지 나타낼 수 없다. 따라서 우
리는 무슨 원자와 무슨 원자가 단일 결합, 이중 결합, 삼중 결합을 맺
고 있는지 정확하게 나타내기 위해 화학 구조식을 그리는 것이다.

$$H-\overset{\displaystyle H}{\underset{\displaystyle H}{C}}-\overset{\displaystyle O}{C}-O-H$$

아세트산

지금까지 이야기한 구조식들을 생략 또는 압축된 형태로 표현할 수 있다. 아세트산의 경우를 그려 보면 다음과 같이 일부 결합들만 표시된다.

$$CH_3-\overset{\displaystyle O}{\underset{\displaystyle OH}{C}} \qquad 또는 \qquad CH_3-COOH$$

물론 결합들이 보이지 않는다고 해서 결합마저 실제로 없어지는 것은 아니다. 대신 이런 생략된 형태의 구조식들은 빠르게 그릴 수 있고 원자들 사이의 관계들도 분명히 보여 준다. 이런 식의 화학 구조식 작성법은 작은 분자의 경우 잘 적용된다. 하지만 분자가 커지면 구조식을 작성하는 데 시간이 많이 걸리고 이해하기도 어려워진다. 예를 들어 여왕벌 분자(여왕벌이 만든 분자)의 다음 구조식과

$$CH_3-\overset{\displaystyle OH}{CH}-CH_2-CH_2-CH_2-CH_2-CH_2-CH=CH-COOH$$

모든 결합을 다 펼쳐서 보여 주는 아래 구조식을 비교해 보자.

여왕벌 분자(여왕벌이 만든 분자)의 구조식(모든 결합을 다 보여 줌)

모든 결합을 다 보여 주는 구조식은 그리기도 귀찮고 보기에도 난잡하다. 이런 이유로 화합물의 구조식을 그릴 때 우리는 몇 가지 빨리 그릴 수 있는 방법을 이용한다. 일반적으로 가장 많이 쓰는 방법은 수소(H) 원자를 생략하는 것이다. 생략했다고 해서 수소 원자가 그곳에 없다는 뜻은 아니다. 탄소 원자는 언제나 4개의 결합을 갖고 있다. 탄소가 4개의 결합을 가지지 않는 것처럼 보여도 실제로는 4개의 결합을 가진 것이니 안심해도 된다(보이지 않는 결합은 수소 원자와 결합한 것이니까.).

여왕벌 분자(여왕벌이 만든 분자)

그리고 이 책에서는 탄소 원자가 직선 대신 꺾은선으로 결합된 구조식을 볼 수 있다. 꺾은선은 분자의 실제 모습에 더 가깝다. 이 방식으로 여왕벌 분자를 나타내면 다음과 같다.

훨씬 더 단순화된 구조식의 형태는 대부분의 탄소 원자를 생략하는 것이다.

여기서 직선의 끝이나 직선과 직선이 만나는 자리는 탄소 원자 하나를 나타낸다. 나머지 원자들(대부분의 탄소와 수소를 제외한)은 여전히 구조식에서 볼 수 있다. 이런 식으로 구조식을 단순화하면 여왕벌 분자와 일벌 분자(일벌이 만든 분자) 사이의 차이점을 알아보기가 쉽다.

여왕벌 분자   일벌 분자

이 화합물들을 다른 곤충이 만든 화합물들과 비교하기는 더 쉽다. 예를 들어 수컷 누에나방이 만들어 내는 페로몬(pheromone, 동물의 행동을 유발하는 물질)의 일종인 봄비콜(bombykol) 분자는 16개의 탄소 원자를 갖고 있다(좀 전에 언급한 여왕벌 분자도 페로몬의 일종인데 10개의 탄소 원자를 갖고 있다.). 여왕벌 분자는 하나의 이중 결합과 COOH를 갖고 있지만 봄비콜은 2개의 이중 결합을 갖고 있고 COOH는 없다.

여왕벌 분자   봄비콜 분자

고리 화합물(cyclic compounds, 탄소 원자가 고리를 이루고 있는 물질로서 흔히 볼 수 있다.)을 다룰 때 탄소와 수소 원자를 많이 생략할 수 있으면 매우 유용하다. 다음 구조식은 사이클로헥세인(cyclohexane, C_6H_{12}) 분자를 나타낸다.

사이클로헥세인의 구조식을 간략하게 나타낸 것

직선과 직선이 만나는 자리는 탄소 원자 하나를 나타낸다. 수소 원자들은 생략되어 보이지 않고 있다. 생략하지 않고 그려 보면 사이클로헥세인의 구조식은 다음과 같이 된다.

사이클로헥세인의 모든 원자와 모든 결합을 보여 주는 구조식

다음 그림에서 볼 수 있듯이 모든 결합과 모든 원자를 표현한 구조식은 혼돈스럽다.

모든 결합을 다 보여 주는 프로작의 구조식

항우울제인 프로작(Prozac)처럼 더 복잡한 구조를 가진 물질을 접할 때 모든 결합을 다 보여 주는 구조식은 정말 알아보기 어렵다. 이와 달리 생략된 구조식은 훨씬 더 알아보기 쉽다.

프로작

화학 구조식이 가진 여러 모습을 묘사하기 위해 자주 사용되는 또 다른 용어는 방향이란 용어다. 사전에서 방향이란 말을 찾아보면 "향기로운, 향긋한, 매운 냄새의, 어지러운 냄새의, 주로 기분 좋은 냄새를 의미함"이라고 되어 있다. 화학적으로 말해서 방향족 화합물(aromatic compound)은 늘 기분 좋은 냄새는 아니지만 대개 냄새가 있는 물질이다. 화학에서 방향이란 화합물이 벤젠(benzene)처럼 고리 모양의 구조(벤젠 고리)를 갖고 있다는 뜻이다. 벤젠의 구조식은 일반적으로 축약된 형태로 가장 많이 그려진다.

벤젠의 구조식

축약된 형태의 벤젠 구조식

프로작의 구조식을 보면 방향성 고리(aromatic ring)가 2개임을 알 수 있다. 따라서 프로작은 방향족 화합물로 정의된다.

프로작에 있는 2개의 방향성 고리

지금까지 이야기한 것은 유기 화합물 구조식의 간략한 소개에 지나지 않는다. 하지만 이 책에 있는 내용을 이해하기 위해 실제로 필요한 지식은 이것이 전부다. 우리는 화합물이 어떻게 다르고 어떻게 같은지를 보여 주기 위해 구조식을 비교할 것이다. 분자의 극히 작은 변화가 때로는 얼마나 심오한 결과를 가져오는지! 수많은 분자들의 관계를 따라가다 보면 인류 문명의 발전에 끼친 화학 구조의 영향력을 알게 될 것이다.

세계 일주의 원동력, 향신료

"그리스도와 향신료를 위해(Christos e espiciarias)!" 이 말은 1498년 5월 인도에 도착한 바스코 다 가마의 선원들이 향신료로 막대한 부를 챙길 생각에 기쁨에 겨워 지른 환호성이다. 바스코 다 가마가 인도에 도착하기 전, 수세기 동안 향료 무역은 베네치아 상인들이 독점하고 있었다. 중세 유럽에서 후추는 매우 귀해서 말린 후추 열매 1파운드(약 453그램)면 중세 영주의 토지에 귀속되어 있는 농노 1명의 신분을 자유롭게 할 수 있었다. 후추는 오늘날 전 세계 저녁 식탁 어디서나 볼 수 있는 흔한 것이 되었지만 중세에는 후추를 비롯한 계피, 정향, 육두구, 생강 같은 향신료는 소수만이 마음껏 소비할 수 있었다. 향신료에 대한 수요는 점차 늘어났고 이 거대한 수요로 말미암아 대항해 시대가 열리게 되었다.

후추와 바스코 다 가마

인도가 원산지인 열대성 관목인 피페르 니그룸(*Piper nigrum*)에서 나오는 후추는 지금도 보편적으로 가장 많이 쓰이는 향신료이다. 오늘날 후추의 주생산지는 인도, 브라질, 인도네시아, 말레이시아 등의 적도 지역이다. 후추나무의 줄기는 튼튼하고 다른 물체를 타고 6미터 이상 자란다. 2~5년이면 붉은 구형의 열매를 맺기 시작하고 적정 조건에서는 40년간 열매를 맺는다. 후추나무 한 그루는 매년 10킬로그램의 향신료를 생산한다.

후추의 약 4분의 3은 검은후추로 팔린다. 검은후추는 덜 익은 후추를 균발효(fungal fermentation)시켜 얻는다. 흰후추는 다 익은 열매의 껍질과 과육을 제거하고 건조시켜 얻는 것으로 후추의 4분의 1이 흰후추에 해당한다. 열매가 익기 시작하자마자 수확해서 소금물에 절인 푸른후추(green pepper)는 유통량이 매우 적다. 특산품 상점 같은 곳에서 종종 볼 수 있는 색다른 색의 후추는 인공적으로 물들인 것이거나 원래부터 색상이 그런 종류이다.

후추를 유럽에 소개한 것은 아랍 상인들로 생각되는데, 이들은 다마스쿠스를 지나 홍해를 건너는 고대 향료길(spice route)을 이용한 것 같다. 기원전 5세기가 되자 그리스에 후추가 알려졌다. 당시 그리스에서 후추는 요리용이 아니고 의료용, 그것도 대개 해독제로 쓰였다. 그러나 로마 인은 그리스 인과 달리 후추나 기타 향신료를 양념으로 광범위하게 사용했다.

1세기, 아시아 및 아프리카 동부 해안에서 지중해로 수입되는 물품

의 반 이상은 향신료였고 대부분은 인도에서 들여온 후추였다. 향신료는 두 가지 이유로 요리에 사용되었다. 첫째가 음식의 부패를 막는 것이고 둘째는 향미를 더 좋게 하는 것이었다. 로마 시대에는 운송은 느리고 냉장 기술은 아직 발명되기 전이어서, 신선한 음식 확보와 보관이 큰일이었을 것이다. 음식이 상했는지 여부를 알기 위해 로마의 소비자들이 믿을 수 있는 것은 자신들의 후각밖에 없었다. 유효 기간 표시는 까마득한 먼 미래의 일이었다. 상한 음식의 맛과 냄새를 감추기 위해 후추와 기타 향신료들이 사용되었는데, 이들은 음식의 썩는 속도를 늦추는 데 도움이 되기도 했을 것이다. 또한 후추와 기타 향신료들을 풍부하게 사용하면 말리고, 훈제하고, 소금으로 간한 음식의 맛이 더욱 좋아지기도 했다.

중세 시대, 대부분의 유럽 인은 아시아와 교역할 때 바그다드를 지나 흑해의 남부 해안을 경유해 콘스탄티노플(지금의 터키 이스탄불)에 이르는 경로를 이용했다. 향신료는 콘스탄티노플에서 항구 도시 베네치아로 운반되었다. 중세가 끝날 때까지 400년 동안 거의 모든 무역은 베네치아에서 이루어졌다.

6세기부터 베네치아는 인근 개펄에서 생산한 소금을 시장에 내놓아 괄목할 만한 경제 성장을 이루었다. 베네치아는 어느 나라와 교역하든 베네치아의 독립을 보장받는다는 현명한 정치적 결단을 내린 덕분에 수세기 동안 번영을 누렸다. 베네치아 상인들은 11세기 후반에 시작해 근 200년간 진행된 십자군 원정 덕분에 세계 향료 시장에서 제왕의 지위를 공고히 할 수 있었다. 베네치아 공화국은 서유럽에서 온 십자군에게 수송선, 전함, 무기, 자금을 (중간 단계를 거치지 않고) 직접 공급해서 바로 이득을 챙길 수 있었다. 따뜻한 중동 지역에서 추운 북쪽의 고국으로 돌아가는 십자군들은 원정 중에 즐겼던 이국적인 향신료를 가져가고 싶어 했다. 아마 처음에 후추는 진귀한 품목(극소수만이 살 수 있는 사치품)이었을 것이다. 썩은 냄새를 감추는 효과와 맛없는 건조 음식에 고유의 풍미를 더해 주는 효과, 짠 음식의 소금 맛을 완화시켜 주는 그 효과 때문에 후추는 순식간에 필수품으로 자리 잡게 되었다. 베네치아 상인들은 방대한 새 시장을 얻었고 전 유럽의 무역업자들은 향신료, 특히 후추를 사기 위해 베네치아로 몰려들었다.

15세기, 향료 무역은 베네치아 상인들의 독점으로 다른 나라들이 비집고 들어갈 틈이 없었으며 베네치아 상인들이 챙긴 이윤은 어마어마했다. 다른 나라들은 인도에 갈 수 있는 새로운 길, 특히 아프리카를 빙 둘러가는 바닷길의 개척 가능성을 진지하게 검토하기 시작했다. 포르투갈 왕 주앙 1세의 아들이자 항해가인 엔히크 왕자(항해 왕자라는 별명을 가지고 있다.)는 외양의 극한적인 기상 조건을 견딜 수 있는 튼튼한 상선을 대규모로 만들어 선단을 조직했다. 바야흐로 대항해 시대의 시작이었다(후추 수요가 주된 동기였다.).

15세기 중반, 포르투갈 탐험가들은 남쪽으로 아프리카 북서 해안의 베르데 곶까지 내려갔다. 1483년, 포르투갈 항해가 디아고 카오는 베르데 곶에서 더 남쪽으로 내려가서 콩고 강 어귀까지 도달했다. 4년 뒤인 1487년, 포르투갈 항해가 바르톨로뮤 디아스는 희망봉을 돌았다. 1498년, 포르투갈 탐험가 바스코 다 가마는 디아스가 개척한 항로를 따라 인도에 도착했다.

인도 남서 해안을 다스리고 있던 캘리컷 지역의 지배자는 후추 열매를 주고 금을 받기를 원했다. 세계 후추 무역을 지배할 꿈에 부풀어 있던 포르투갈 인들은 후추를 사기 위해 금이 필요할 줄은 꿈에도 몰랐다. 5년 뒤, 총과 군대로 무장한 바스코 다 가마는 캘리컷을 정복, 후추 무역을 포르투갈의 지배하에 두었다. 이것이 포르투갈 제국의 시작이었다. 포르투갈 제국의 영토는 아프리카를 포함해 동쪽으로 인도와 인도네시아에 이르렀고 서쪽으로 브라질에 이르렀다.

스페인도 향료 무역, 특히 후추에 관심을 두고 있었다. 1492년, 제노바 인 크리스토퍼 콜럼버스는 서쪽으로 항해하면 인도의 동쪽 가장자리에 도달하는 더 짧은 항로를 찾을 수 있을 거라 확신하고 스페인 국왕 페르디난드 5세와 여왕 이사벨라를 설득해서 탐사 여행의 재정 지원을 받았다. 콜럼버스의 확신은 어느 정도는 맞았지만 전적으로 옳지는 않았다. 유럽에서 서쪽으로 가면 인도에 도착할 수는 있었겠지만 더 짧은 항로는 아니었다. 광대한 태평양과 그 당시 알려져 있지 않던 아메리카 대륙이 중간에 가로막고 있었으니까.

후추는 베네치아를 거대한 도시로 만들었고 대항해 시대를 주도했으며 콜럼버스가 신세계를 찾아 나서도록 했다. 후추에는 도대체 무슨 성분이 들어 있을까? 검은후추와 흰후추에 공통으로 들어있는 활성 성분은 피페린(piperine)이다. 피페린의 화학식은 $C_{17}H_{19}O_3N$이고 구조식은 다음과 같다. 피페린을 섭취할 때 우리가 느끼는 매운맛은 사실 맛이 아니라, 피페린이 일이키는 화학 작용에 대한 우리 통각 신경의 반응이다. 이런 반응이 일어나는 과정이 완전히 밝혀지지는 않았다. 하지만 적어도 통각 신경이 피페린에 반응하는 이유는 피페린 분자의 모양이 통각 신경 말단(혀 또는 다른 신체 부위에 있는)에 있는 단백

피페린

질과 모양이 잘 들어맞기 때문인 것으로 여겨진다. 피페린 분자가 신경 말단의 단백질 분자와 결합하면 신경 말단의 단백질은 모양이 변형되면서 어떤 신호를 내보낸다. 이 신호는 신경을 따라 뇌에 전달되고 우리 뇌는 "아, 매워." 같은 말을 하게끔 지시한다.

아직 콜럼버스 이야기가 끝나지 않았다(어쨌든 콜럼버스는 인도에 다다르는 서쪽 항로 개척에 실패했다.). 더불어 매운맛을 지닌 피페린 분자 이야기도 계속된다. 1492년 10월, 인도에 다다르는 서쪽 항로 개척에 나선 콜럼버스가 육지에 닿았을 때 그는 인도의 어딘가에 도착했다고 생각했다(그렇게 생각하고 싶었을 것이다.). 인도에 도착하면 발견할 수 있을 거라 생각했던 웅장한 도시나 왕궁이 없었음에도 불구하고, 그는 그 땅을 서인도 제도라고 부르고 그곳에 사는 사람들을 인디언(Indian)이라 불렀다. 콜럼버스는 두 번째 항해 때 서인도 제도의 아이티에서 매운맛이 나는 새로운 향신료, 고추를 발견했다. 고추는 자신이 알고 있는 후추와는 전혀 다른 향신료였지만 콜럼버스는 개의치 않았다.

고추는 포르투갈 인을 따라 동쪽으로 전파되어 아프리카를 빙 둘러 인도 너머까지 건너갔다. 고추는 50년 만에 전 세계로 퍼져 지역 요리, 특히 아프리카, 동아시아, 남아시아 요리와 빠르게 결합했다. 고추는 콜럼버스의 항해가 가져다준 가장 중요하고 지속적인 혜택 가운데 하나임이 분명하다(고추의 매운맛을 사랑하는 수많은 사람들에게 말이다.).

고추와 콜럼버스

후추는 종(種)이 하나뿐이지만 고추는 캅시쿰(*Capsicum*) 속 밑에 다양한 종이 있다. 고추의 원산지는 열대 아메리카이다(멕시코도 원산지로 추정된다.). 인류는 9000년 전부터 고추를 사용해 왔다. 고추는 같은 종 안에서도 수많은 변종이 있다. 예를 들면 캅시쿰 안누움(*Capsicum annuum*, 일년생 식물)에는 벨 페퍼(bell pepper), 스위트 페퍼(sweet pepper), 피멘토(pimento), 바나나 페퍼(banana pepper), 파프리카(paprika), 카엔 페퍼(cayenne pepper) 등이 있다. 타바스코 페퍼(Tabasco pepper)는 캅시쿰 프루테스켄스(*Capsicum frutescens*, 목질의 다년생)의 변종이다.

고추는 색깔, 크기, 모양이 다양하지만 고추가 공통적으로 갖고 있는 매운맛(우리를 열나게 만드는 물질)은 캡사이신(capsaicin) 때문이다. 캡사이신의 화학식은 $C_{18}H_{27}O_3N$이며 구조식은 피페린과 유사하다.

캡사이신   피페린

캡사이신과 피페린 모두 산소(O)와 이중 결합을 이루고 있는 탄소(C)

옆에 질소(N)가 있고, 탄소로 이루어진 방향성 고리 하나를 갖고 있다. 우리가 느끼는 '맵다'는 감각이 분자의 형태에 기인하는 것이라면 캡사이신과 피페린 모두 매운맛을 내는 것은 당연하다고 볼 수 있다.

분자 형태론('맵다'라는 감각이 분자의 형태에 기인한다는 이론)이 들어맞는 세 번째 '매운' 분자는 생강(*Zingiber officinale*)의 뿌리줄기에서 볼 수 있는 진제론(zingerone, $C_{11}H_{14}O$)이다. 진제론 분자는 피페린이나 캡사이신보다 작지만(그리고 대부분의 사람들은 그다지 맵지 않다고 하지만) 방향성 고리를 갖고 있다. 진제론도 캡사이신처럼 HO와 H_3C-O를 갖고 있다. 하지만 질소 원자는 없다.

캡사이신

진제론

피페린

우리는 왜 고통을 주는 매운 물질을 먹으려고 하는 걸까? 아마 우리 몸에 좋은 몇 가지 화학적인 이유 때문인 것 같다. 캡사이신, 진제론, 피페린은 침의 분비를 증가시켜 소화를 돕는다(침은 음식물이 내장을 잘 지나갈 수 있도록 하는 것으로 여겨진다.). 포유류의 경우 미각 세포가 주로 혀에 있지만, 매운맛의 분자들이 보내는 화학 신호를 감지할 수 있는 통각 신경은 우리 몸 곳곳에 있다. 고추를 썰다가 무심코 눈을 비빈 적 있는가? 고추를 수확하는 농부들은 캡사이신이 들어 있는 고추기름이 몸에 닿지 않도록 고무장갑과 보안경을 쓴다.

후추의 매운맛은 음식에 뿌린 후추의 양에 비례하는 것 같다. 반면 고추의 매운맛은 그렇지 않다. 고추는 색깔, 크기, 원산지에 따라 '매운 정도'가 달라진다. 그렇다고 해서 색깔, 크기, 원산지에 따른 비례나 역비례 관계가 성립하는 것은 아니다. 일반적으로 작은 고추가 맵지만 가장 큰 고추가 가장 덜 매운 것도 아니다. 동아프리카에서 재배되는 고추가 세계에서 가장 맵다고들 하지만 지리적 요인에 따라 매운맛이 정해진다고 할 수도 없다. 매운맛은 대개 고추를 건조시켰을 때 강해진다.

우리는 종종 혀가 얼얼할 정도로 매운 음식을 먹은 뒤 만족감이나 흡족함을 느끼는데, 이 느낌은 엔도르핀(endorphins) 때문인 듯하다. 엔도르핀은 우리 몸이 통증에 대해 반응할 때 뇌에서 자연스럽게 분비되는 화합물인데 아편(opium)과 비슷한 물질이다(엔도르핀의 종류는 여러 가지가 있다.). 엔도르핀 분비 현상이라면 사람들이 맵고 자극적인 음식을 중독적으로 좋아하는 이유가 설명이 된다. 고추가 매울수록 고통이 커져 엔도르핀이 많이 분비되고 궁극적으로 쾌감도 더 커진다.

파프리카는 굴라시(파프리카로 맵게 한 쇠고기와 야채로 만든 스튜) 같은 헝가리 음식에 잘 정착된 반면, 고추는 유럽 음식에 잘 융화되지 못했다(아프리카와 아시아 요리에는 잘 융화되었다.). 유럽에서는 매운맛을 내는 분자로 후추의 피페린이 정착된 탓이다. 포르투갈이 캘리컷을 지배하면서 후추 무역은 약 150년간 포르투갈의 지배하에 놓였다. 17세기 초에 이르자 네덜란드와 영국이 포르투갈의 후추 무역을 넘겨받았다. 암스테르담과 런던은 유럽의 주요 후추 무역항이 되었다.

1600년, 동인도 향료 무역에서 영국의 점유율을 높이기 위해 영국 동인도 회사가 설립되었다. 설립 당시 동인도 회사의 원래 이름은 동인도 제도 무역 런던 상인 조합이었다. 인도에 가서 후추를 싣고 돌아오는 항해에 자금을 대는 일은 위험 부담이 컸기 때문에 상인들은 자신들이 입게 될지도 모를 손실 규모를 줄이기 위해 항해에 대한 몫(share)을 요구했다. 이런 관행은 회사의 주식(share)을 사는 것으로 발전되어 현대 자본주의의 시초가 된 것으로 여겨진다. 물론, 지금은 별 볼 일 없게 되어 버린 피페린이 세계 주식 시장과 같은 복잡한 세계 경제 구조의 단초(端初)를 제공했다고 하는 것은 확대 해석일 수도 있겠다.

마젤란의 항해

후추 외에 소중한 향신료는 또 있었다. 바로 육두구(nutmeg)와 정향이다. 육두구와 정향은 후추보다 더 귀했다. 육두구와 정향은 향료 제도, 즉 몰루카 제도(오늘날 인도네시아 말라쿠 주)에서 유래했다. 육두구 나무, 미리스티카 프라그란스(*Myristica fragrans*)는 몰루카 제도에 속한 반다 제도에서만 자랐다. 반다 제도는 자카르타에서 동쪽으로 약 2500킬로미터 떨어진 반다 해 위에 외롭게 떠 있는 7개의 섬이다. 반다 제도의 섬들은 작다. 가장 큰 섬의 길이가 10킬로미터가 되지 않고 가장 작은 섬의 길이는 겨우 2~3킬로미터이다. 반다 제도의 섬들과 비슷한 크기의 섬이 몰루카 제도 북쪽에도 있는데 테르나테 섬과 티도레 섬이다. 이 두 섬은 세계에서 유일하게 정향나무, 유제니아 아로마티카(*Eugenia aromatica*)가 자라는 곳이었다.

수세기 동안 몰루카 제도 주민들은 육두구와 정향을 재배해서 이곳을 방문하는 아랍, 말레이, 중국 상인들에게 팔았고 육두구는 아시아와 유럽으로 전파되었다. 육두구와 정향이 유통될 수 있는 무역항로는 잘 확립되어 있었다. 육두구와 정향은 어떤 경로(인도, 아라비아, 페르시아, 이집트 등)를 거치든 서유럽 소비자에게 전달되는데 12단계의 유통 경로를 거쳐야 했다. 각 유통 단계를 거칠 때마다 향신료의 가격은 2배로 뛰었다. 이런 이유 때문에 포르투갈의 인도 총독 아퐁소 디 알부케르케는 실론 섬과 말레이 반도의 말라카를 점령하고 동인도 향료 무역을 장악했다. 1512년, 알부케르케는 몰루카 제도에 도착해 이곳 사람들과 직접 교역하면서 육두구와 정향 무역을 독점했고 곧 베네치아 상인들을 능가했다.

스페인도 향료 무역에 눈독을 들였다. 1518년, 포르투갈 항해사 페르디난드 마젤란은 자신의 탐험 계획이 조국에서 받아들여지지 않자 스페인 왕실을 찾아가, 서쪽으로 가면 향료 제도에 도착할 수 있을 뿐만 아니라 항해 기간도 단축할 수 있을 거라는 자신의 계획을 설명하고 설득했다. 스페인은 마젤란의 탐험 계획을 지원할 이유가 충분했다. 동인도로 가는 서쪽 항로가 개척되면 스페인 선박들은 포르투갈 항구를 이용할 필요도 없어지고 아프리카 및 인도를 경유하는 동쪽 항로를 이용할 필요도 없어지기 때문이었다. 여기서 잠깐 교황 알렉산더 6세가 포고한 교령(教令) 이야기를 하고 넘어가자. 케이프베르데 제도에서 서쪽으로 500킬로미터 떨어진 곳에 가상의 경선(經線)이 있다. 교황의 교령에 의해 포르투갈은 이 경선의 동쪽 영토(기독교가 전파되지 않은 지역)를 하사받았고 스페인은 서쪽 영토(기독교가 전파되지 않은 지역)를 하사받았다. 이런 모순된 교령이 나올 수 있었던 것은 당시 교황이 지구가 둥글다는 사실(당시 많은 학자들과 항해사들이 인정한 사실)을 간과했거나 무시했기 때문이었다. 어쨌든 스페인이 서쪽으로 가서 향료 제도에 도착할 수만 있다면 스페인은 향료 제도에 대한 합법적 권리를 주장할 수 있었다.

마젤란은 스페인 왕실에 자신이 아메리카 대륙을 통과할 견문을 갖추고 있음을 확신시켰고 자신도 그렇게 확신했다. 1519년 9월, 마젤란은 스페인을 떠나 남서쪽으로 내려가 대서양을 건너 지금의 브라질, 우루과이, 아르헨티나 해안을 따라 내려갔다. 라플라타 강 어귀를 만나자 마젤란은 드디어 태평양으로 가는 길을 찾았다고 생각했다. 하지만 라플라타 강 어귀를 따라 200여 킬로미터를 나아갔을 때 나타난 것은 지금의 부에노스아이레스였다. 마젤란의 의심과 실망은 이루 말로 표현할 수 없었다. 마젤란은 실망할 때마다 다음 곳만 돌면 대서양에서 태평양으로 가는 통로가 나올 것이라 확신하며 계속 남으로 내려갔다. 5척의 작은 배와 265명의 선원으로 시작된 항해는 악화일로에 있었다. 남쪽으로 갈수록 낮은 더 짧아지고 강풍은 더 끊임없이 불어 닥쳤다. 갑작스러운 조수로 인한 위험한 해안, 거대한 파도, 끊임없는 우박과 진눈깨비, 얼어붙은 삭구(索具)에서 미끄러져 배에서 떨어질지도 모른다는 생명의 위협 때문에 항해의 비극은 더해만

갔다. 항해 도중 선원들이 폭동을 일으키기도 했다. 폭동을 진압한 마젤란은 남위 50도에 이르러서도 태평양으로 가는 해협이 보이지 않자 남국 겨울의 나머지를 그곳에서 보냈다. 다시 항해를 계속한 마젤란은 드디어 오늘날 우리가 알고 있는 마젤란 해협을 발견해 내고 무사히 통과했다(마젤란 해협의 바다는 매우 거칠다.).

1520년 10월, 마젤란 선단의 배 4척이 마젤란 해협을 통과했다. 보급품이 떨어지자 마젤란 휘하의 장교들은 돌아가야 한다고 주장했다. 하지만 정향과 육두구의 유혹 때문에, 동인도 제도의 향료 무역을 포르투갈과 나눠 가질 경우 돌아올 부와 영광 때문에 마젤란은 항해를 멈출 수가 없었다. 마젤란은 3척의 배를 이끌고 서쪽으로 항해를 계속했다. 어느 누구도 상상하지 못했던 광대한 너비(약 2만 킬로미터)의 태평양을 건너는 일은(지도 한 장 없이. 단지 기본적인 항해 도구만 갖고, 음식과 물이 거의 바닥난 상황에서) 남아메리카 남단의 마젤란 해협을 통과하는 것보다 훨씬 더 힘든 일이었다. 1521년 3월 6일, 탐험대가 마리아나 제도의 괌에 상륙하면서 선원들은 굶주림과 괴혈병(scurvy)으로 인한 죽음의 공포에서 잠시 벗어났다.

10일 뒤 마젤란은 필리핀 제도의 조그마한 섬, 막탄에 상륙했다. 이것이 그의 마지막이었다. 원주민과의 사소한 충돌로 마젤란이 살해당한 것이다. 마젤란 본인은 몰루카 제도에 도달하지 못했지만 그의 배와 선원들은 정향의 원산지, 테르나테 섬에 도착했다. 스페인을 떠난 지 3년, 18명으로 줄어든 생존 선원들은 마젤란 선단의 마지막 배, 빅토리아 호의 오래되고 낡은 선체에 26톤의 향신료를 싣고 강을 거슬러 세비야로 돌아왔다.

매운맛의 화학 구조

정향과 육두구는 과(科)가 다르고, 원산지도 해양을 사이에 두고 수백 킬로미터 떨어져 있으며, 독특한 향기 역시 다르지만, 분자 모양이 매우 유사하다는 공통점을 지니고 있다. 정향유(丁香油)의 주성분은 유게놀(eugenol)이고 육두구유의 주성분은 아이소유게놀이다. 이 두 방향족 화합물(냄새 측면으로 보나 화학 구조식 측면으로 보나 모두 방향)은 이중 결합의 위치만 다르다.

유게놀(정향)　　　　　아이소유게놀(육두구)

두 가지 화합물의 유일한 차이점은 이중 결합의 위치이다(화살표로 표시).

유게놀 및 아이소유게놀의 구조와, 생강에서 볼 수 있는 진제론의 구조도 매우 유사하다. 세 분자의 구조는 유사하지만 향기는 전혀 다르다.

진제론

식물들이 우리 좋으라고 방향족 화합물을 만들어 낼 리는 없다. 식물들은 풀을 뜯어먹는 동물이나 수액을 빨아먹고 잎을 갉아먹는 곤충, 체내에 침입하는 균류로부터 도망칠 수 없기 때문에 유게놀, 아이소유게놀, 피페린, 캡사이신, 진제론 같은 방향족 화합물을 만들어 화학전으로 자신을 보호한다. 이들이 만들어 내는 방향족 화합물은 매우 강력한 천연 살충제이다. 우리가 이런 방향족 화합물을 (소량으로) 섭취할 수 있는 것은 우리 간에서 매우 효과적인 해독 작용이 일어나기 때문이다. 이론상 특정 향신료를 과다 섭취하면 간에서 일어나는 수많은 신진대사 중 하나에 장애가 온다. 하지만 신진대사에 장애가 올 정도가 되려면 엄청난 양을 섭취해야 하는데, 이것은 일어나기 매우 어려운

길가에서 정향을 말리는 모습. 인도네시아의 북부 술라웨시 지역
(사진 제공 Penny Le Couteur)

일이므로 우리가 향신료 과다 섭취를 걱정할 필요는 없을 듯하다.

정향나무에서 멀리 떨어진 곳에서도 유게놀의 향기는 뚜렷하게 맡을 수 있다. 유게놀은 정향나무의 말린 꽃눈에서도 얻을 수 있고 다른 부분에서도 얻을 수 있다. 기원전 200년, 정향은 중국 한(漢)나라 왕실에서 신하들의 구취 제거제로 쓰였다. 정향유는 강력한 소독제 겸 치통약으로 귀하게 쓰였다. 지금도 정향유는 치과에서 종종 국소 마취제로 사용되고 있다.

육두구나무에서는 육두구와 메이스(mace)가 나온다. 육두구는 살구처럼 생긴 열매에 들어있는 밝은 갈색의 씨앗을 갈아서 만든 것이고 메이스는 씨앗을 감싸고 있는 붉은 빛깔의 껍질로 만든 것이다. 육두구는 오래전부터 약으로 쓰였다. 중국에서는 류머티즘과 위통을 치료하는 데 쓰였고 동남아시아에서는 설사와 복통에 쓰였다. 유럽에서는 최음제와 마취제로 쓰였을 뿐만 아니라 흑사병 예방약으로도 쓰였다. 흑사병은 1347년 처음 그 발생이 기록된 이후 주기적으로 유럽을 휩쓸었던 전염병이다. 사람들은 흑사병을 막기 위해 육두구를 넣은 작은 자루를 목 주변에 둘렀다. 장티푸스, 천연두 같은 전염병들도 주기적으로 유럽의 여러 지역을 강타했지만 가장 무서운 병은 역시 흑사병이었다. 흑사병은 세 유형(선 페스트, 폐 페스트, 패혈증)으로 발생했다. 선 페스트(bubonic plague)에 걸리면 사타구니와 겨드랑이의 림프선이 부풀어 올라 고통을 받았다. 선 페스트 환자의 50~60퍼센트가 치명적인 내부 출혈과 신경 손상을 겪었다. 발생 빈도는 덜 하지만 훨씬 더 치명적인 유형은 폐 페스트(pneumonic)였고, 폐 페스트보다 더 치명적인 것은 패혈증(septicemic)이었다. 엄청난 양의 세균이 혈액을 공격하기 때문에 패혈증에 걸리면 하루를 못 넘기고 죽었다.

신선한 육두구에서 나온 아이소유게놀 분자가 선 페스트 세균을 나르는 벼룩을 접근하지 못하게 했다는 것은 충분히 가능한 일이다. 또한 육두구의 다른 분자들도 충분히 살충 성분을 가질 수 있다. 방향족 화합물인 미리스티신(myristicin)과 엘레미신(elemicin)도 육두구와 메이스에서 볼 수 있는 물질이다. 두 화합물의 구조는 서로 유사하며 우리가 이미 살펴본 육두구, 정향, 후추 분자의 구조와도 비슷하다.

미리스티신   엘레미신

육두구는 흑사병을 물리치는 신비한 힘을 갖고 있다고 여겨졌을 뿐만 아니라, '정신 착란을 일으키는 물질'로도 여겨졌다. 육두구가 환각제(hallucinogen) 성분을 갖고 있다는 것은 수세기 전부터 알려진 사실이다(환각 효과는 미리스티신과 엘레미신 때문인 것 같다.). 1576년의 한 보고서를 보면 "임신한 한 영국 여성이 10~12알의 육두구를 먹고 향기에 취해 정신 착란을 일으켰다."라고 나와 있다. 이 보고서를 곧이곧대로 믿기는 어려울 것 같다. 특히 그 여성이 먹었다는 육두구의 개수가 그러하다. 오늘날 연구 결과에 따르면 육두구 한 알만 먹어도 메스꺼움을 느끼고 땀을 비 오듯 흘리며 심장 박동이 빨라지고 혈압이 매우 높게 상승하고 며칠 동안 환각에 시달린다고 한다. 이런 증상은 단순

한 정신 착란 이상의 증상이다. 12알이 아니라 이보다 훨씬 적은 양만 섭취해도 죽음이 눈앞에 다가왔을 것이다. 더군다나 미리스티신을 다량으로 섭취하면 간에 치명적인 손상을 입는다.

육두구와 메이스뿐만 아니라 당근, 셀러리, 딜(dill), 파슬리, 검은 후추 등도 미리스티신과 엘레미신을 소량 함유하고 있다. 그렇다고 해서 환각 효과를 느낄 목적으로 우리가 이런 물질을 다량으로 섭취하는 경우는 거의 없다. 사실 미리스티신과 엘레미신이 환각 물질이라는 증거도 없다. 다만 아직 밝혀지지 않은 우리 몸의 신진대사 경로로 인해 이 물질들이 다른 물질, 즉 암페타민(amphetamine, 중추 신경을 자극하는 각성제) 비슷한 소량의 화합물로 전환될 가능성은 있다.

이런 시나리오가 가능한 이유는 엑스터시(ecstasy)라고 불리는 3,4-메틸렌다이옥시-엔-메틸암페타민(3,4-methylenedioxy-N-methylamphetamine, MDMA)을 불법 제조할 때 사프롤(safrole)이라는 물질을 시작 물질(strating material)로 사용하는데 사프롤은 미리스티신에서 OCH_3가 빠진 물질이기 때문이다.

미리스티신

사프롤. OCH_3가 빠진 자리가
화살표로 표시되어 있다.

사프롤에서 엑스터시로의 변환은 다음과 같다.

사프롤   화학 반응   3,4-메틸렌다이옥시-엔-메틸암페타민 또는 MDMA(엑스터시)

사프롤은 사사프라스나무(sassafras tree)에서 얻는다. 사프롤은 코코아, 검은후추, 메이스, 육두구, 야생생강(wild ginger) 등에서도 볼 수 있다. 뿌리에서 추출되는 사사프라스유는 약 85퍼센트가 사프롤이고 한때 루트비어(root beer, 일종의 청량 음료)의 주향신료로 사용되었다. 오늘날 사프롤은 발암 물질로 간주되고 있고, 사프롤과 사사프라스유는 중독 식품으로 분류되어 사용이 금지되어 있다.

뉴욕이냐, 육두구냐 그것이 문제로다

16세기 내내, 포르투갈은 정향 무역을 지배했다. 하지만 독점은 하지 못했다. 포르투갈은 테르나테 섬과 티도레 섬의 추장들과, 무역과 요새 건설에 대한 협정을 맺었지만 이 협정은 얼마 가지 않아 무용지물이 됐다. 몰루카 제도 사람들은 협정을 맺은 뒤에도 이전부터 거래하던 자바 인들이나 말레이 인들에게 계속해서 정향을 팔았기 때문이다.

17세기, 네덜란드는 포르투갈보다 더 많은 인원과 화력이 더 좋은 총에 더욱 무자비한 식민주의로 무장했다. 네덜란드는 막강한 네덜란드 동인도 회사(Vereenigde Oostindische Compagnie, VOC)를 통해 향료 무역의 주역이 되었다. 하지만 네덜란드의 향료 무역 독점은 쉽게 이루어지지도 않았고 오래가지도 못했다. 1602년 설립된 VOC가 스페인과 포르투갈의 얼마 남지 않은 전초 기지를 완전히 몰아내고 몰루카 제도 사람들의 저항을 무자비하게 진압하며 향료 무역을 독점할 수 있게 된 것은 1667년이었다.

좀 더 과거로 거슬러 올라가서 이야기를 시작해 보자. 네덜란드는 향료 무역에서 자신의 지위를 더욱 공고히 하기 위해 반다 제도의 육두구 무역까지 지배할 필요가 있었다. 1602년, 네덜란드와 반다 제도 추장들은 반다 제도에서 생산된 모든 육두구에 대한 독점권을 VOC에 보장하는 조약을 체결했다. 그런데 반다 제도 사람들은 독점이라는 개념을 받아들이지 않았거나 아마도 이해하지 못했던 것 같다. 네덜란드 외의 다른 무역업자들이 최고가(반다 제도 사람들이 이해한 독점의 개념)를 부르면 그들에게도 육두구를 팔았던 것이다.

네덜란드의 대응은 무자비했다. 함대와 수백 명의 군인이 출현하고 반다 제도에 최초의 대형 요새가 세워졌다(이후 수많은 대형 요새가 세워졌다.). 이 모든 것이 육두구 무역을 손에 넣기 위한 것이었다. 네덜란드의 공격, 반다 제도 사람들의 반격, 대량 학살, 조약 갱신, 조약 파기 같은 일련의 사건이 진행되면서 네덜란드의 태도는 더욱더 단호해졌다. 네덜란드는 요새 주변을 제외하고 육두구 숲을 모조리 파괴했으며, 반다 제도 사람들의 집을 불태우고 추장들을 처형했다. 본국에서 온 네덜란드 이민자들이 반다 제도 사람들을 노예로 삼고 육두구 생산을 감독했다.

VOC가 육두구 무역을 독점하는 데 있어서 마지막 남은 걸림돌은 반다 제도의 가장 외딴 곳, 런 섬에 상주하고 있는 영국인들이었다(런 섬과 영국은 수년 전에 무역 조약을 맺은 터였다.). 절벽에서조차 육두구나무가 자랄 정도로 육두구나무가 무성했던 작은 환초, 런 섬은 유혈이 낭자한 전장이 되었다. 네덜란드의 무지막지한 포위 공격, 상륙, 육두구 숲의 파괴가 있은 후 1667년, 양국이 맺은 브레다 조약에서 네덜란드는 맨해튼 섬에 대한 권리 포기를 선언했고, 영국은 런 섬에 대한 모든 권리를 네덜란드에 넘겨주었다. 맨해튼의 뉴암스테르담은 뉴욕이 되었고 네덜란드는 육두구를 손에 넣었다.

네덜란드의 온갖 노력에도 불구하고 네덜란드의 독점(육두구 무역과 정향 무역에 대한 독점)은 오래가지 못했다. 1770년, 한 프랑스 외교관이 몰루카 제도의 정향 묘목을 프랑스 식민지였던 모리셔스로 몰래 갖고 들어왔다. 정향은 모리셔스에서 아프리카 동해안을 따라 빠르게 퍼져 나가 잔지바르의 주요 수출품이 되었다.

정향과 달리 육두구는 원산지인 반다 제도 밖에서 재배하기가 어렵기로 유명했다. 육두구나무는 기름지고 촉촉하고 배수가 잘 되는 흙과, 그늘지고 덥고 습하면서 강한 바람이 있는 기후에서 잘 자랐다. 원산지 밖에서는 육두구 재배가 힘들었음에도 불구하고 네덜란드는 섬 밖으로 나가는 육두구 종자가 싹트는 걸 방지하기 위해 모든 육두구를 석회수(수산화칼슘, 소석회)에 담그는 조심성을 보였다. 하지만 끝내 영국은 육두구를 싱가포르와 서인도 제도에서 재배하는 데 성공했다. 카리브 해의 그레나다는 육두구 섬으로 유명해졌고 향신료의 주요 생산지가 되었다.

만약 냉장고가 출현하지 않았다면 전 세계적인 거대 향료 무역은 지금까지도 틀림없이 계속되었을 것이다. 냉장고가 출현하면서 후추, 정향, 육두구가 더 이상 방부제로서 필요 없게 되었고 이들 향신료의 성분인 피페린, 유게놀, 아이소유게놀, 기타 방향족 화합물 등에 대한 엄청난 수요도 사라졌다. 지금도 후추를 비롯한 기타 향신료들은 여전히 인도에서 재배되고 있지만 주요 수출품은 아니다. 인도네시아의 일부가 된 테르나테 섬과 티도레 섬, 반다 제도는 옛날보다 더 한적하다. 정향과 육두구를 싣기 위해 대형 선박이 방문하는 일은 뜸해졌고, 이 작은 섬들은 뜨거운 태양 아래 선잠을 자고 있다. 간간이 관광객들이 방문해서 오래돼서 무너지는 네덜란드 요새를 답사하거나 원시 그대로의 산호초에서 다이빙을 즐기고 있다.

향신료의 유혹은 이제 과거지사가 되었다. 지금도 우리는 향신료가 우리 음식에 더해 주는 풍부하고 푸근한 풍미를 여전히 즐기고 있지만 향신료가 벌어들인 부, 향신료가 일으킨 전쟁, 향신료가 고무시킨 놀라운 탐사를 생각하는 일은 거의 없다.

두 번째 이야기

괴혈병의 치료약, 비타민 C

대항해 시대는 향신료 때문에 시작되었지만 또 다른 분자의 결핍을 가져왔고, 이 분자의 결핍 때문에 대항해 시대는 거의 막을 내리게 되었다. 1519년부터 1522년까지 마젤란이 세계를 일주할 때 선원의 90퍼센트 이상이 괴혈병으로 사망했다. 괴혈병은 아스코르브산 분자, 즉 비타민 C 결핍 때문에 생기는 병이다.

괴혈병의 증상은 종류가 다양하고 끔찍하다. 몸이 피곤해지고 허약해지고 팔다리가 붓고 잇몸이 약해지고 심하게 멍이 들고 입에서 피가 나며 숨에서 악취가 나고 설사를 하고 근육통이 생기며 이가 빠지고 폐와 신장에 문제가 생긴다. 일반적으로 괴혈병 환자들은 폐렴이나 호흡기 질환과 같은 급성 감염으로 사망하고 젊은 괴혈병 환자의 경우 심장 마비로 사망하기도 한다. 초기 단계에서 우울증이 발생하지만 괴혈병 때문에 생긴 것인지 다른 병의 증상인지 확실치 않다.

어쨌든 만성 피로에 잇몸은 아프고 피가 나며 구취, 설사 증상을 보이고 게다가 호전될 기미마저 보이지 않는다면 누구라도 우울해질 수밖에 없지 않을까?

괴혈병은 오래된 병이다. 신석기 시대 유골 중에 뼈 구조가 변형된 것이 발굴되었는데 이는 괴혈병의 증상과 일치하는 것으로 보인다. 고대 이집트 상형 문자를 봐도 괴혈병을 언급하는 말이 나온다. 괴혈병을 뜻하는 scurvy는 노르웨이 어, 즉 바이킹 전사들이 사용한 언어에서 유래된 것이라고 한다. 바이킹은 9세기에 출현해, 스칸디나비아 반도 북부에 위치한 자신들의 고국에서 유럽에 이르는 대서양 연안을 약탈했던 사람들이다. 바이킹들은 선상에서든 겨울철 스칸디나비아 반도에서든 비타민이 풍부한 신선한 과일과 야채를 구하기 힘들었을 것이다. 바이킹들은 그린란드를 거쳐 아메리카(바이킹 에릭슨은 콜럼버스보다 약 500년 먼저 아메리카 대륙을 발견했다. 하지만 그것은 개인적 사건에 불과했다. 에릭슨 자신도 그 곳이 신대륙이라는 사실을 알지 못했고 유럽도 에릭슨의 존재를 알지 못했기 때문이다. —옮긴이)로 가는 길에 북극냉이(Arctic cress)의 한 종류인 겨자(scurvy grass)를 이용한 것으로 보인다(그래서 scurvy가 괴혈병을 뜻하게 되었을 것이다.). 괴혈병으로 보이는 증상을 기록한 최초의 실제적인 기록이 나타난 것은 13세기 십자군 원정 때였다.

레몬 주스 실험

14세기와 15세기, 효율적인 돛과 범선의 발달로 장거리 항해가 가

능해지면서 괴혈병은 해상에서 흔한 질병이 되었다. 그리스·로마 시대부터 사용된 갤리 선(노를 저어 나아가는 배)이나 아랍 상인들이 타고 다녔던 작은 범선은 해안선 근처에만 머물렀다. 더군다나 이런 배들은 외양의 거친 물결과 거대한 파도를 견딜 만큼 튼튼하지도 않았다. 결과적으로 갤리 선이나 작은 범선은 해안선을 벗어나 먼 바다로 나가는 경우가 거의 없었고 필요한 물자는 2~3일 내지 2~3주면 보충할 수 있었다. 신선한 음식을 주기적으로 보충할 수 있었다는 것은 괴혈병이 거의 문제가 되지 않았음을 의미한다. 15세기, 대형 선단으로 장거리 항해가 가능해지고 대항해 시대가 도래하면서 저장 음식에 의존하지 않을 수 없게 되었다. 대형 선박은 화물과 무기를 실어야 했고, 더 복잡해진 삭구와 돛을 다루기 위해 더 많은 선원을 승선시켜야 했으며, 해상에서 몇 달을 지내기 위해 많은 음식과 물을 실어야 했다. 선원의 숫자가 증가하고 보급품의 양이 많아짐에 따라 불가피하게 선원들의 주거 공간이 협소해지고 환기가 안 되어 전염병과 호흡기 질환이 증가하게 되었다. 머리와 몸에 생긴 기생충, 옴, 기타 전염성 피부병이 돌면서 폐결핵과 적리(赤痢, 급성 전염병인 이질의 하나)가 흔한 질병이 되었다.

당시 선원들은 건강 개선에 전혀 도움이 안 되는 식단으로 식사를 하고 있었다. 선원들이 섭취하는 음식 종류가 제한되었던 이유는 두 가지가 있다. 첫째, 목재로 된 선박에서 음식을 포함한 어떤 것도 곰팡이 없는 건조한 상태로 보관하기는 지극히 어려운 일이었다. 그 당시 유일한 방수제는 피치(pitch)였다. 피치는 숯을 제조하고 부산물로 얻어지는 검은색의 끈적끈적한 수지이다. 선체 외부에 바른 피치는 수분을 완전히 막지 못해 나무로 된 선체를 통해 수분이 꾸준히 유입되었다. 선체 내부는 특히 환기가 잘 안 돼 습도가 매우 높았을 것이다. 항해 일지를 보면 가죽 부츠, 벨트, 침대, 서적 등에 곰팡이가 폈다는 식의 묘사가 많이 나온다. 선원들의 규정식은 소금에 절인 쇠고기나 돼지고기, 건빵으로 유명한 딱딱한 선박용 비스킷이었다. 건빵은 소금을 넣지 않고 밀가루와 물을 반죽해 단단하게 구운 것으로 빵 대용이었다. 건빵은 곰팡이에 비교적 강하다는, 저장 음식으로 바람직한 특성을 지녔다. 건빵은 수십 년이 지난 뒤에도 상하지 않고 먹을 수 있을 만큼 단단하게 구워졌지만 괴혈병으로 잇몸에 염증이 생긴 환자들에게 건빵은 그림의 떡이었다. 흔히 건빵은 바구미가 들끓었는데 바구미가 들끓은 건빵은 작은 구멍이 많이 생겨 씹어 먹기가 한결 수월했기 때문에 선원들이 대단히 반겼다.

선원들이 섭취하는 음식 종류가 제한되었던 둘째 이유는 목재 선박의 화재 위험성이었다. 선체가 나무로 되어 있는 데다가 가연성이 높은 피치를 듬뿍 발랐기 때문에 화재 예방에 끊임없는 주의가 필요했다. 이런 이유로 선상에서 유일하게 불을 사용할 수 있는 곳은 주방뿐이었고 그나마 해상 날씨가 비교적 평온할 때라야 가능했다. 일단 악천후를 알리는 신호가 뜨면 폭풍우가 지나갈 때까지 주방의 모든 불을 꺼야만 했다. 폭풍우를 만나면 요리는 며칠이고 불가능했다. 주방에서 불을 사용할 수 없으니 소금에 절인 고기를 (소금기를 제거하기 위해) 물에 넣고 몇 시간동안 뭉근히 끓이는 일이나 건빵을 (씹을 수 있도록) 뜨거운 스튜나 묽은 수프에 담그는 일도 불가능했다.

항해를 떠나는 배에는 버터, 치즈, 식초, 빵, 말린 완두, 맥주, 럼주 같은 식료품들이 실렸다. 하지만 버터는 금방 상했고 빵은 곰팡이가 폈다. 말린 완두는 바구미가 들끓었고 치즈는 굳었으며 맥주는 시었다. 이들 가운데 비타민 C를 공급하는 음식은 없었고 대개 항구를 떠난 지 6주 정도만 되면 괴혈병 증세가 뚜렷해졌다. 이러니 유럽 각국이 해군을 모집할 때 강제 징집에 의존할 수밖에 없었던 것은 당연지사가 아니었을까?

대항해 시대 초기의 항해 일지를 보면 선원들이 괴혈병으로 목숨을 잃고 건강이 악화되었다는 기록이 남아 있다. 1497년, 포르투갈 항해가 바스코 다 가마는 아프리카의 희망봉을 돌 무렵 자기 휘하의 부하 160명 중 100명을 괴혈병으로 잃었다. 선원 전원이 괴혈병으로 사망한 선박들이 해상에서 발견되었다는 기록들도 있다. 수세기 동안 해상에서 일어난 사망 사고 가운데 괴혈병을 능가한 것은 없었던 것으로 보인다(해전, 해적, 난파, 기타 질병 등으로 사망한 수치를 모두 더한 값보다 괴혈병으로 사망한 수치가 훨씬 더 컸다.).

놀라운 것은 당시 이미 괴혈병에 대한 예방책과 치료제가 알려져 있었다는 사실이다(하지만 대부분 무시되었다.). 5세기, 중국인들은 단지를 배에 실어 신선한 생강을 재배했다. 신선한 과일과 야채가 괴혈병 증세를 완화시킬 수 있다는 사실은, 중국 무역선과 거래한 동남아시아 여러 나라들도 틀림없이 알고 있었을 것이고 네덜란드 인들을 거쳐 다른 유럽 인들에게까지 전파되었을 것이다. 이는 1601년, 영국 동인도 회사의 첫 선단이 아시아로 가는 길에 마다가스카르에서 오렌지와 레몬을 선적한 사실에서도 알 수 있다. 4척의 배로 구성된 이 선단의 함장은 제임스 랭커스터였다. 랭커스터는 레몬 주스를 병에 담아 기함(旗艦)인 드래곤 호에 싣고 가면서 괴혈병 증세를 보이는 선원이 생기면 매일 아침 레몬 주스 세 숟가락(티스푼)을 먹였다. 희망봉에 도착했을 때 드래곤 호에 승선한 선원들은 아무도 괴혈병에 걸리지 않았다. 하지만 같은 선단의 나머지 3척에 승선한 선원들의 괴혈병 피해는 심각했다. 전체 선원의 약 4분의 1이 괴혈병으로 사망했지만 랭커스터의 기함에서는 괴혈병 사망자가 단 한 명도 발생하지 않았다. 이 일이 있기 약 65년 전, 프랑스 탐험가 자크 카르티에는 뉴펀들랜드와 퀘벡을 두 번째 탐험하면서 지독한 괴혈병의 창궐로 수많은 선원들이 목숨을 잃을 때 그 지역 원주민들이 가르쳐 준 대로 피체아(Picea) 속 나뭇잎을 우려내 마시자 기적 같은 결과를 경험했다고 한다. 거의 하룻밤 새 괴혈병 증세가 진정되고 빠르게 괴혈병이 사라졌다는 것이다. 1593년, 영국 해군 제독 리처드 호킨스 경은 주장하기를, 승선 기간 동안 적어도 1만 명의 선원이 해상에서 괴혈병으로 사망했으며 만약 이들에게 레몬 주스를 먹였다면 즉석에서 효과를 볼 수 있었을 거라고 했다.

괴혈병 치료 성공 사례를 담은 간행물도 출판되었다. 1617년, 존 우돌은『외과 의사 가이드(The Surgeon's Mate)』에서 괴혈병의 예방과 치료에 레몬 주스를 처방했다. 8년 뒤, 의사 윌리엄 콕번이 저술한「해양성 질병(의 특성, 원인, 치료)에 대한 논문(Sea Diseases, or the Treatise of Their Nature, Cause and Cure)」에서는 괴혈병의 예방과 치료에 신선한 과일과 야채를 권장했다. 콕번이 제안한 음식물 중에 식초, 소금물, 계피, 유장(乳漿, whey, 치즈 만들 때 엉긴 젖을 거르고 난 물) 같은 것들은 괴혈병에 아무 소용이 없었고 오히려 괴혈병 예방과 치료에 도움이 되는 음식물을 구별하는 데 방해가 되었을지도 모르겠다.

　18세기 중반이 되어서야 괴혈병에 대한 최초의 통제된 임상 실험에서 오렌지 주스의 효능이 밝혀졌다. 이 실험에 참가한 피실험자는 극소수였지만 결론은 분명했다. 1747년, 스코틀랜드 해군에서 솔즈베리 호의 선의를 맡고 있던 제임스 린드는 이 실험을 위해 괴혈병을 앓고 있는 12명의 선원을 선발했다. 린드는 가능한 한 괴혈병 증상이 비슷한 선원들을 뽑아 똑같은 음식을 제공했다. 이들은 질기거나 딱딱한 음식을 씹을 수가 없었으므로 소금에 절인 고기와 건빵으로 이루어진 규정식 대신 달콤한 오트밀 죽, 양고기 수프, 삶은 비스킷, 보리, 사고(sago, 사고야자의 나무 심에서 뽑은 녹말), 쌀밥, 건포도, 포도주 등으로 이루어진 식단을 제공받았다. 린드는 탄수화물 위주로 구성된 이 식단을 12명의 환자들에게 공통으로 제공하고 2명씩 짝을 지어 총 6쌍에 대해 각각 다른 음식물을 추가적으로 제공했다. 즉 12명의 선원 중 2명 각각에게는 매일 사과즙 950밀리리터를 제공했고, 2명에게는 식초를, 2명에게는 (불행하게도) 묽은 황산(elixir of vitriol)을, 2명에게는 바닷물 235밀리리터를, 2명에게는 육두구, 마늘, 겨자씨, 고무나무 수지, 타르타르 크림, 보리미음을 혼합한 것을, 마지막 (행운의) 2명 각각에게는 매일 오렌지 2개와 레몬 1개를 제공했다.

　실험 결과는 오늘날 우리가 상식적으로 생각할 수 있는 그대로 나왔다. 괴혈병 증상은 눈에 띄게 좋아지더니 금방 치료되었다. 감귤류를 매일 섭취한 2명의 선원들은 엿새 만에 선원으로서의 임무를 충실히 수행할 수 있을 만큼 건강해졌다. 나머지 10명의 선원들도 바닷물, 육두구, 황산 등의 섭취를 중단하고 레몬과 오렌지를 제공받았다. 린드는 「괴혈병에 대한 논문(A Treatise of Scurvy)」이라는 제목으로 자신의 실험 결과를 발표했다. 하지만 영국 해군이 레몬 주스를 의무적으로 지급하기 시작한 것은 이로부터 40년이 더 지난 뒤의 일이었다.

괴혈병을 효과적으로 치료하는 방법이 밝혀졌는데도 왜 일상 생활에서 그 방법을 따르거나 활용하지 않았을까? 애석하게도, 괴혈병 치료법은 그 효능이 밝혀졌음에도 불구하고 사람들에게 인정받거나 신뢰받지 못했던 것 같다. 당시 널리 받아들여졌던 이론에 따르면 괴혈병은 신선한 과일과 야채의 부족에서 오는 것이 아니라 절인 고기를 과식하거나 신선한 고기를 충분히 섭취하지 못한 데서 온다는 것이었다. 또한 물류 문제도 있었다. 감귤류 열매나 주스를 수 주 동안 신선하게 보관한다는 것은 지극히 어려운 일이었다. 레몬 주스를 농축시켜서 보관하려는 시도가 이루어졌지만 그런 시도들은 시간이 많이 소요되고 비용이 많이 들어 그다지 효율적이지 못했을 것이다(비타민 C는 열과 빛에 의해 쉽게 파괴되고 과일과 야채를 장기간 보관하면 그 속에 들어 있는 비타민 C의 함량이 줄어들기 때문이다.).

해군 장교들, 내과 의사들, 영국 해군 본부, 선주들은 선원들이 가득 승선한 배에서 야채나 감귤류 열매를 재배할 수 있는 마땅한 방법을 찾을 수 없었다(비용과 불편함 때문에). 굳이 재배하려고 한다면 값비싼 화물 공간을 사용해야 할 판이었다. 더욱이(괴혈병 예방을 위해) 오렌지를 매일 식탁에 올려야 한다면 신선한 오렌지든 저장된 오렌지든 비싸기는 매한가지였다. 모든 것은 경제성과 이윤에 따라 결정되었다(지금 생각해 보면 오렌지를 제공하는 것이 오히려 경제적이었을 것 같다.). 선박들은 30~40퍼센트, 심지어 50퍼센트에 육박하는 괴혈병 치사율을 감안해 정원보다 많은 선원을 승선시켰다(나머지 선원들도 죽지만 않았을 뿐이지 뱃일을 할 수 있는 건강한 몸 상태가 아니었을 것이다.).

선원들이 괴혈병에 걸릴 수밖에 없었던 (당시 거의 아무도 인식하지 못했던) 또 하나의 요인이 있다. 그것은 바로 일반 선원들의 융통성 없는 식사 습관이었다. 선원들은 배에서 먹는 규정식에 익숙해져 있었다. 바다에 있을 때 단조로운 식단(소금에 절인 고기와 건빵)을 불평하던 선원들은 항구에 도착해서도 비슷한 식단(신선한 고기와 신선한 빵, 치즈, 버터, 맛좋은 맥주)을 찾았다. 신선한 과일과 야채를 섭취할 수 있었을지라도 선원들은 부드럽고 아삭아삭한 야채볶음에 별 관심이 없었을 것이다. 이들은 끊임없이 고기를 원했다(삶은 고기, 스튜로 요리한 고기, 오븐에 구운 고기). 상류층 출신이 많은 장교들은 폭넓고 다양한 식사가 보편화되어 있었기 때문에 항구에 도착했을 때 과일과 야채를 섭취하는 것이 일상적인 일이었을 테고 아마도 기꺼이 그랬을 것이다. 그들에게는 항구에서 눈에 띄는 새롭고 이국적인 음식, 이를테면 비타민 C가 풍부한 타마린드(tamarind), 라임, 기타 과일 같은 재료들이 들어간 그 지역 향토 음식을 먹어 보는 일은 흔한 일이었을 것이다. 따라서 장교들 사이에서 괴혈병은 일반적으로 큰 문젯거리가 되지 않았다.

쿡 선장의 활약

영국 해군의 제임스 쿡 선장은 부하들을 괴혈병으로부터 안전하게 보호한 최초의 선장이다. 쿡은 괴혈병 치료식(antiscorbutic)을 발견한 것으로 유명하지만 그의 진가는 선상에서의 식단 수준과 위생 수준을 높게 유지할 것을 강조했다는 데에 있었다. 쿡이 꼼꼼한 기준을 제시한 덕분에 선원들의 건강 수준은 크게 개선되었고 사망률은 낮아졌다. 쿡은 27세라는 비교적 늦은 나이에 해군에 입대했다. 하지만 상선을 타고 북해와 발트 해를 항해한 9년간의 항해사 경력과 지성, 타고난 항해술 덕분에 빠르게 진급했다. 쿡이 괴혈병을 처음 접한 것은 1758년, 펨브로크 호에 승선해 대서양을 건너 캐나다로 가는 자신의 첫 항해에서였다(이 항해는 캐나다 세인트로렌스 강 유역을 차지하고 있던 프랑스와 전투하기 위한 출정이었다.). 쿡은 괴혈병이 가져오는 참상에 놀랐다. 더군다나 수많은 선원들의 사망과 작업 효율의 저하와 선박의 손실을 불가피한 것으로 받아들이는 현실에 질려 버렸다.

쿡이 노바스코샤, 로렌스 만, 뉴펀들랜드 주변을 탐험하며 지도를 작성하고 일식을 정확하게 측량하자 영국 왕립 협회(Royal Society, '자연과학 지식의 진보'를 목표로 1645년 설립)는 쿡에게 깊은 감명을 받았다. 영국 왕립 학회는 인데버 호의 선장으로 쿡을 임명하고 남쪽 해역의 탐험 및 해도 작성, 새로운 동식물 조사, 태양을 교차하는 행성들의 천문 관측을 지시했다.

쿡이 이 항해를 비롯해 그 뒤에도 일련의 항해를 떠나지 않을 수 없었던 것은 (잘 알려지지 않은 사실이지만) 정치적인 이유 때문이었다. 영국 해군 본부는 기존에 발견된 영토와 오스트레일리아 대륙을 비롯해 새롭게 발견되는 땅을 영국령으로 선포하고 북서 항로를 개척하겠다는 희망을 품고 있었다. 쿡이 영국 해군 본부의 이런 희망 사항들을 현실로 바꿀 수 있었던 것은 전적으로 아스코르브산 덕분이었다.

1770년 6월 10일 일어났던 사고에 대해 한번 생각해 보자. 당시 인데버 호는 오스트레일리아 북부 퀸즐랜드 주에 위치한 지금의 쿡타운 정남쪽 그레이트배리어리프(Great Barrier Reef, 대보초)에서 좌초했다. 대참사가 일어날 순간이었다. 인데버 호는 만조 때 좌초했다. 선체에 뚫린 구멍을 막기 위해 과감한 조치를 취해야 했다. 배를 가볍게 하기 위해 선원들은 여분이 있는 물건들은 모조리 배 밖으로 내던졌다. 바닷물이 인정사정 없이 화물칸으로 밀려 들어왔고 선원들은 꼬박 23시간 동안 물을 퍼냈다. 선원들은 파더링(fothering, 선체 밑에 돛을 갖다 대 구멍을 막는 임시방편)으로 구멍을 막기 위해 닻줄과 닻을 필사적으로 끌어당겼다. 선원들의 엄청난 노력과 뛰어난 선박 조종술에 행운이 따라줘 역경을 극복할 수 있었다. 암초에서 빠져나온 인데버 호는 수리를 위해 뭍으로 올려졌다. 참으로 위기일발의 상황이었다. 만약 선원들이 괴혈병에 걸려 녹초가 된 상황이었다면 파더링은커녕 대답할 기운도 없었을 테니 말이다.

쿡이 자신의 항해에서 이룬 업적들은 맡은 임무를 훌륭하게 수행해 낸 건강한 선원들이 없었으면 불가능했다. 영국 왕립 협회도 이 사실을 인정하고 쿡에게 협회 최고의 영예상인 코플리(Copley) 금메달을 수여했다. 이 상은 쿡의 항해 업적 때문에 수여된 것이 아니라 장기간의 항해를 하더라도 괴혈병을 예방할 수 있다는 것을 쿡이 증명했기 때문에 수여된 것이었다. 쿡의 괴혈병 예방법은 간단했다. 쿡은 선박, 특히 빽빽하게 밀집된 선원 숙소를 깨끗하게 유지할 것을 지시했다. 쿡의 지시대로 모든 선원들은 정기적으로 빨래를 하고 날씨가 좋은 날에는 침구를 볕에 널어 말렸으며 선실을 훈증 소독했을 뿐만 아니라 대체로 '정돈(shipshape)'이라는 용어에 걸맞은 생활을 했다. 쿡은 신선한 과일과 야채(쿡은 균형 잡힌 식단을 위해 신선한 과일과 야채가 필요하다고 생각했다.)가 다 떨어지면 출항할 때 미리 준비해 둔 절인 양배추를 꺼내 선원들에게 먹였다. 쿡은 기회 있을 때마다 육지에 들러 식료품을 보충하고 차를 우려낼 요량으로 셀러리, 겨자 같은 그 지역의 특산 식물을 채집했다.

선원들은 규정식에 익숙해져 있었고 새로운 식단을 시도하는 것을 망설였기 때문에 쿡의 식단은 선원들에게 전혀 인기가 없었다. 반면 쿡과 그의 장교들은 쿡의 식단을 고수했다. 쿡은 솔선수범과 권위와 결단력으로 선원들이 자신의 식단을 따르도록 했다. 쿡이 절인 양배추나 셀러리를 안 먹겠다고 거부한 선원을 매질했다는 기록은 없지만 선원들은 쿡 선장이 자신의 규율을 어기는 선원들에게 가차 없이 채찍질할 거란 걸 잘 알고 있었다. 쿡은 또한 좀 더 지능적인 방법도 썼다. 쿡의 일지를 보면 지역 특산 식물로 만든 음식인 '사우어크라우트(Sour Kroutt)'를 처음에는 장교들에게만 지급했다고 한다. 일주일이 지나자 선원들은 자기네들에게도 사우어크라우트를 배식해 달라고 아우성을 쳤다.

아무도 괴혈병에 걸리지 않자 선원들은 자기네들의 음식에 이상하리만치 집착하는 쿡 선장을 이해하게 되었다. 쿡은 약 3년에 걸친 자신의 첫 항해에서 선원의 3분의 1을 말라리아와 이질로 잃었지만 괴혈병으로는 단 하나의 선원도 잃지 않았다. 말라리아와 이질은 네덜란드령 동인도 제도(지금의 인도네시아)의 바타비아(지금의 자카르타)에서 감염된 것이었다. 쿡은 자신의 두 번째 항해(1772~1775년)에서 선원한 명을 병으로 잃었지만 역시 괴혈병은 아니었다. 그렇지만 같은 선단의 다른 배에 승선한 선원들은 심한 괴혈병을 앓았다. 이 배의 선장, 토비아스 퍼노는 쿡에게 심한 꾸지람을 듣고 괴혈병 예방을 위한 식단 준비와 식사 제공의 필요성을 다시 교육받았다. 아스코르브산, 즉 비타민 C 덕분에 쿡은 하와이 제도와 그레이트배리어리프 발견, 최초의 뉴질랜드 일주 항해, 최초의 태평양 북서 해안 해도 작성, 최초의 남극권 횡단 같은 위대한 업적을 달성할 수 있었다.

생명의 요소, 비타민

도대체 이 작은 물질이 무엇이기에 세계사에 그토록 큰 영향을 미쳤을까? 비타민(vitamin)이란 단어는 vital(필수의)과 amine(질소를 포함하는 유기 화합물, 처음에 모든 비타민은 하나 이상의 질소 원자를 갖는 것으로 여겨졌다.)이 결합해서 축약된 말이다. 비타민 C의 C는 세 번째로 규명된 비타민이라는 의미이다.

$$H-\underset{|}{\overset{CH_2OH}{C}}-OH$$

아스코르브산(비타민 C)의 구조식

이런 식의 비타민 명명 방식에는 부적절한 면이 많다. 질소를 함유한 비타민은 비타민 B군과 비타민 H뿐이다(amine이라는 의미가 무색해진다.). 초기에 발견된 비타민 B는 훗날 비타민 B_1, 비타민 B_2 같은 다양한 비타민으로 구성된 비타민 복합체임이 밝혀졌다. 또한 새로운 비타민으로 여겨졌던 몇몇 비타민들은 기존 비타민과 동일 물질임이 밝혀졌다. 따라서 비타민 F, 비타민 G 등으로 불렸던 비타민들은 이제 더 이상 존재하지 않는다.

포유류 가운데 영장류, 기니피그, 인도과일박쥐만이 비타민 C를 음식으로 섭취한다. 다른 척추동물들(예를 들면, 갯과나 고양잇과 동물)은 간에서 포도당(glucose, 알다시피 분자 구조가 간단하다.)이 4단계의 연속 반응(각 반응에서 효소가 촉매 작용을 한다.)을 거치면 아스코르브산이 만들어진다. 따라서 이런 동물들은 음식으로 아스코르브산을 섭취할 필요가 없다. 인류는 아마 진화 단계 어딘가에서 굴로노락톤옥시다아제(gulonolactone oxidase, 포도당이 아스코르브산으로 합성되는 4단계의 마지막 단계에 필요한 효소)를 만드는 유전 물질을 잃어버림으로써 포도당을 아스코르브산으로 합성하는 능력을 잃어버린 것 같다.

아스코르브산을 상업적으로 생산해 내는 오늘날의 합성법도 포도당을 시작 물질로 하며 순서만 약간 다를 뿐 동물의 간에서 일어나는 4단계와 똑같은 과정을 거친다. 비타민 합성의 1단계에서는 포도당이 산화 반응을 거쳐 글루쿠론산(glucuronic acid)이 된다. 산화 반응이란 산소가 분자(이 경우에는 포도당)와 결합하는 반응이나 수소가 분자에서 떨어져나가는 반응 혹은 두 반응 모두를 의미한다. 산화의 역과정, 즉 환원은 산소가 분자에서 떨어져나가는 반응이나 수소가 분자와 결합하는 반응 혹은 두 반응 모두를 의미한다.

포도당 　　　　산화 효소 (1단계)　　　　글루쿠론산　　　　환원 효소 (2단계)　　　　굴론산

2단계에서는 글루쿠론산이 환원 반응을 거쳐 굴론산(gulonic acid)이
생성된다. 글루쿠론산에서 환원 반응이 일어나는 부분은 포도당에서
산화 반응(1단계)이 일어났던 부분과 정반대이다. 3단계에서는 락톤
(lactone) 고리를 포함하는 물질, 즉 굴로노락톤(gulonolactone)이 만들
어진다. 4단계에서는 산화 반응으로 이중 결합을 지닌 아스코르브산
이 만들어진다. 인류가 잃어버린 것은 바로 이 4단계에 필요한 굴로
노락톤 산화 효소이다.

굴론산 　　　　락토나아제 (lactonase) (3단계) 고리 형성　　　　굴로노락톤　　　　굴로노락톤 산화 효소 (4단계)　　　　아스코르브산

비타민 C를 분리해서 화학 구조를 규명하려는 초기의 시도들은 성공

하지 못했다. 가장 큰 이유는 오렌지 주스에 아스코르브산이 풍부하게 들어 있음에도 불구하고 수많은 종류의 당 또는 유사 당 물질이 함께 섞여 있기 때문이었다. 결국 최초의 순순한 아스코르브산 표본은 식물이 아니라 동물에서 추출되었다.

1928년, 영국 케임브리지 대학교에서 근무하던 헝가리 출신의 의사이자 생화학자인 알베르트 센트지외르지는 소의 부신피질(adrenal cortex, 소의 신장 근처에 있는 한 쌍의 내분비선 안쪽의 조직)에서 1그램 미만의 결정화된 물질을 추출해 냈다. 처음에 센트지외르지는 부신피질 무게의 약 0.03퍼센트밖에 되지 않았던 이 화합물이 비타민 C인 줄 몰랐다. 센트지외르지는 당과 같은 새로운 호르몬을 분리했다고 생각하고 이그노오스(ignose)라는 이름을 붙였다. 이그노오스의 ose 부분은 포도당(glucose)이나 과당(fructose)처럼 당류를 표시할 때 사용하는 이름이고 ig 부분은 이 물질의 화학 구조를 아직 모른다는 의미였다. 센트지외르지는 이 물질의 이름을 고드노오스(Godnose)로 바꿨는데 이마저도 《생화학 저널(Biochemical Journal)》의 편집자(아마도 센트지외르지의 유머 감각을 이해하지 못한 것 같다. Godnose는 'God knows(신만이 아신다.).'라는 뜻을 갖고 있었다.)에게 거부당하자 헥수론산(hexuronic acid)이라는 좀 더 진지한 이름을 붙였다. 센트지외르지의 표본은 순도가 매우 높아 정밀한 화학 분석 결과 비타민 C의 화학식($C_6H_8O_6$)과 동일한 개수(6개)의 탄소가 검출되었다(헥수론산의 hex는 6을 의미하며 탄소 개수가 6개라는 뜻이다.). 4년 뒤 헥수론산과 비타민 C는 동일 물질임이 밝혀졌다(그 사이 센트지외르지가 예측한 대로).

아스코르브산을 이해하는 다음 단계는 화학 구조식을 결정하는 일이었다. 오늘날의 기술로는 매우 적은 양으로도 비교적 쉽게 아스코르브산의 화학 구조식을 결정할 수 있지만 1930년대는 대량의 아스코르브산 없이는 아스코르브산의 화학 구조식을 결정하는 일은 거의 불가능한 일이었다. 센트지외르지에게 한번 더 행운이 찾아왔다. 센트지외르지는 헝가리 파프리카에 비타민 C가 매우 풍부히 들어 있음을 알아내고, 더 중요한 사실, 즉 오렌지 주스에 들어 있는 수많은 당류(비타민 C의 추출을 어렵게 만들었다.)가 파프리카에는 매우 적다는 사실을 알아냈다. 그는 1주일 만에 1킬로그램이 넘는 순수 비타민 C 결정을 분리해 냈다. 이는 센트지외르지의 동료였던 버밍엄 대학교 화학과 교수 월터 노먼 하스가 비타민 C의 구조식 결정 연구를 시작하기에 충분한 양이었다. 아스코르브산이라는 이름은 센트지외르지와 하스가 붙인 이름이다. 1937년, 과학계는 아스코르브산의 중요성을 인정했다(비타민 C에 대한 연구 공로로 센트지외르지는 노벨 의학상을 수상했고 하스는 노벨 화학상을 수상했다.).

이로부터 60여 년 동안 추가적인 연구가 이루어졌지만 아직도 우리는 아스코르브산이 우리 몸에서 어떤 역할을 하는지 완벽하게 이해하지 못하고 있다. 아스코르브산은 콜라겐 생성을 위해 꼭 필요하다. 콜라겐은 동물계에서 가장 풍부한 단백질로 다른 조직들을 결합시키고 지지해 주는 결합 조직에 존재한다. 콜라겐이 부족해지면 물론 괴혈병의 초기 증상(팔다리가 붓고 잇몸이 무르고 이가 빠지는 현상)이 나타난다. 괴혈병 증상은 하루에 아스코르브산 10밀리그램만 섭취해도 나타나지 않는다고 한다(엄밀히 말하면, 세포 수준에서는 비타민 C 결핍이 나타나지만 전반적인 괴혈병 증상은 나타나지 않는다.). 오늘날 면역학, 종양학, 신경학, 내분비학, 영양학 등 여러 분야의 연구에서 아스코르브산이 수많은 생화학적 과정에 관여하고 있음이 밝혀지고 있다.

아스코르브산은 오래전부터 논란의 대상이었다. 영국 해군은 제임스 린드가 권고한 레몬 주스 지급에 무려 42년이나 걸렸다(부끄러운 일이다.). 영국 동인도 회사는 선원들을 통제하기 쉽도록 유약한 상태로 만들기 위해 일부러 아스코르브산이 함유된 음식을 지급하지 않았다고 한다. 오늘날에는 비타민 C 대량 복용이 다양한 질병 치료에 도움이 되는지 갑론을박이 한창 일고 있다. 1954년, 라이너스 폴링은 화학 결합에 대한 연구 업적으로 노벨 화학상을 수상했으며 1962년, 핵무기 실험 반대 활동으로 노벨 평화상을 수상했다. 1970년, 노벨상을 2회나 수상한 폴링은 비타민 C의 의학적 효과를 밝힌 책을 출판해 감기, 독감, 암의 예방과 치료를 위해 비타민 C를 많이 섭취할 것을 권장했다(폴링은 이후에도 많은 비타민 C 관련 저서를 출판했다.). 과학자로서의 폴링의 명성에도 불구하고 의료계는 전반적으로 폴링의 견해를 인정하지 않았다.

성인 1인당 비타민 1일 권장량은 보통 60밀리그램이다(작은 오렌지 하나에 들어 있는 분량이다.). 1일 권장량은 시대와 나라마다 달라졌는데 이는 아마도 꽤 복잡한 이 분자(비타민 C)의 생리학적 역할을 완전히 이해하지 못했기 때문인 것 같다. 하지만 임신이나 수유 기간에 1일 권장량이 늘어나야 한다는 데에는 이견이 없다. 중장년층에게는 가장 높은 1일 권장량이 권장된다. 이 연령대가 되면 부실한 식단이나 요리 및 식사에 대한 관심 부족으로 비타민 C 섭취가 줄어드는 일이 종종 일어나기 때문이다(오늘날 중장년층 사이에서 괴혈병을 모르는 사람은 없다.).

보통 하루에 섭취하는 아스코르브산이 150밀리그램이면 포화 상태에 도달하며 그 이상 섭취해도 혈장(血漿)의 아스코르브산 농도는 증가하지 않는다. 남는 비타민 C는 신장을 통해 제거되기 때문에 비타민 C 다량 복용은 제약 회사의 이윤만 증가시킬 뿐이라는 주장이 제기되고는 한다. 하지만 감염, 발열, 상처 회복, 설사, 수많은 만성 질환 같은 경우에는 비타민 C를 다량 복용할 필요가 있는 것 같다.

현재 마흔 가지 이상의 질병에 대해 비타민 C가 어떤 영향을 미치는지 연구가 진행되고 있다. 이 질병 중 일부를 언급해 보면 활액낭염, 통풍(痛風), 크론병, 다발성 경화증, 위궤양, 비만, 골관절염, 단순 헤르페스 감염(HSV), 파킨슨 병, 빈혈, 관상 동맥 질환, 자기 면역 장애증, 유산, 류머티스열, 백내장, 당뇨병, 알코올 중독, 정신 분열증, 우울증, 알츠하이머 병, 불임, 감기, 독감, 암 등이 있다. 이 목록을 보고 있자니 비타민 C의 모든 효능들(지금까지 주장되어 온 효능들)이 아직 의학적으로 규명되지 않았는데도 비타민 C가 "이 한 병에 젊음이"로 묘사되는 이유를 알 것 같기도 하다.

매년 5만 톤이 넘는 아스코르브산이 생산되고 있다. 포도당에서 산업적으로 생산된 합성 비타민 C는 천연 비타민 C와 완전히 동일하다. 천연 아스코르브산과 합성 아스코르브산 사이에는 물리적·화학적 차이가 전혀 없기 때문에 "히말라야 산맥 저지대 원시 그대로의 산비탈에서 자란 귀한 들장미(Rosa macrophylla)의 순수 열매에서 부드럽게 추출한 천연 비타민 C"라고 광고하는 비싼 아스코르브산을 구입할 이유는 전혀 없다. 들장미 열매에서 추출한 제품이 비타민 C라면 포도당에서 톤 단위로 생산된 합성 비타민 C와 완전히 동일하다.

그렇다고 해서 알약으로 된 합성 비타민이 음식에 들어 있는 천연 비타민을 대체할 수 있다는 이야기는 아니다. 합성 비타민 C 70밀리그램을 섭취했을 때의 효과는 보통 크기의 오렌지 하나를 먹어서 섭취하는 천연 비타민 C 70밀리그램의 효과와 다를 수 있다. 과일과 채소의 색상을 나타내는 물질들이 천연 비타민 C의 흡수를 촉진할 수도 있고 아직 우리가 모르고 있는 방식으로 비타민 C의 효능을 향상시키는지도 모르는 일이다.

오늘날 비타민 C의 상업적인 용도는 주로 음식의 방부제이다. 비타민 C는 항산화제와 항균제로 작용한다. 최근 우리는 음식에 들어가는 방부제를 우리 몸에 나쁜 것으로 여기는 경향이 있다. 수많은 포장지에는 "무방부제"라는 문구가 강조되어 있다. 하지만 방부제가 없다면 우리가 시장에서 사는 대부분의 음식물은 상한 맛이 나거나 썩은 냄새가 나거나 먹을 수 없거나 심지어 잘못 먹으면 죽을 수도 있다. 화학 방부제가 없어진다면 냉장 및 냉동이 없어지는 것만큼이나 우리의 음식 공급에 큰 차질을 초래할 것이다.

과일의 산도(acidity)는 유독성 세균인 클로스트리디움 보툴리눔(Clostridium botulinum)의 증식을 충분히 막을 수 있기 때문에 과일을 섭씨 100도로 가열해서 통조림을 만들면 안전하게 보존할 수 있게 된다. 산도가 낮은 야채나 육류를 통조림으로 보관할 때에는 클로스트리디움 보툴리눔을 확실히 멸균시키기 위해 이보다 더 높은 온도로 가열해야 한다. 가정에서 과일 통조림을 만들 때 황변을 막는 산화 방지제로 종종 사용되는 아스코르브산은 산도를 높이고 보툴리누스 중독을 방지한다. 보툴리누스 중독이란 클로스트리디움 보툴리눔이 만들어 낸 독소로 인한 식중독을 말한다. 클로스트리디움 보툴리눔은 인체 내에서는 살 수 없는 세균으로 제대로 멸균되지 않은 통조림에서 정작 위험한 것은 클로스트리디움 보툴리눔이 만들어 내는 독소이다. 이 독소를 정제시켜 피부 밑에 소량 주사하면 신경 신호가 차단되어 근육이 마비되고 주름살이 일시적으로 펴지는 효과가 나타난다. 이것이 바로 점점 인기를 더해 가고 있는 보톡스(Botox) 치료법이다.

수많은 유독 물질이 화학자들에 의해 합성되었지만 인간은 아직 자연이 만든 물질보다 더 독성이 강한 물질을 만들지 못했다. 지금까지 알려진 독극물 가운데 가장 독성이 강한 물질은 클로스트리디움 보툴리눔이 만들어 낸 보툴리눔 톡신 A(botulinum toxin A)이다. 보툴리눔 톡신 A는 인간이 만든 물질 가운데 가장 독성이 강한 다이옥신(dioxin)보다 100만 배나 더 강력하다. 보툴리눔 톡신 A의 LD_{50}(Lethal Dose 50)은 3×10^{-8} 밀리그램/킬로그램이다. LD_{50}이란 실험 집단의 절반을 사망시키는 유독 물질의 양을 체중 1킬로그램을 기준으로 표시한 것이다. 보툴리눔톡신 A의 LD_{50}이 3×10^{-8} 밀리그램/킬로그램이라는 것은 체중 1킬로그램당 0.00000003밀리그램의 보툴리눔톡신 A를 투여하면 실험 동물이 죽는다는 뜻이다. 다이옥신의 LD_{50}은 3×10^{-2} 밀리그램/킬로그램, 즉 체중 1킬로그램당 0.03밀리그램이다. 보툴리눔 톡신 A 1그램이면 3만 명의 사람을 죽일 수 있다. 확실히 이 수치는 방부제를 악으로 규정한 우리들의 태도를 다시 한번 생각하게 만든다.

아문센과 비타민 C

20세기 초만 하더라도 몇몇 남극 탐험가들은 괴혈병의 원인이 부패한 저장 음식, 혈액의 산 중독, 세균 감염 때문이라는 설을 여전히 지지했다. 1800년대 초 영국 해군이 레몬 주스를 의무 지급한 덕분에 실질적으로 괴혈병이 사라졌다는 사실이나 비타민 C가 풍부한 신선한 바다표범 고기(살, 뇌, 심장, 신장)를 먹는 북극 지역의 에스키모 인들이 괴혈병에 전혀 걸리지 않는다는 보고나 수많은 탐험가들이 괴혈병 예방 식단으로 가능한 한 신선한 음식을 많이 포함시켰다는 사실에도 불구하고 영국 해군 중령 로버트 팰컨 스콧은 괴혈병은 부패한 고기에서 비롯된다는 신념을 견지했다. 반면 노르웨이 탐험가 로알 아문센은 괴혈병의 위험성을 심각하게 받아들이고 신선한 바다표범 고기와 개고기를 기본 식단으로 준비해 남극 탐험에 성공했다. 1911년, 아문센은 약 2200킬로미터에 달하는 남극점 왕복 여행을 아무런 질병이나 사고 없이 무사히 마쳤다. 반면 스콧의 팀은 그렇게 운이 좋은 편이 아니었다. 1912년 1월 남극에 도착한 스콧의 탐험대가 돌아오는 여정은 몇 년 만에 찾아온 남극 최악의 날씨 때문에 지연되었다. 몇 달 동안 신선한 음식과 비타민 C를 섭취하지 못한 데에서 오는 괴혈병 증세 때문에 스콧의 탐험대는 상당한 지장을 받았을 것이다. 식량과 연료가 있는 기지까지 불과 17킬로미터를 남겨 놓고 그들은 너무 지쳐 더 이상 걸을 수 없었다. 단지 수 밀리그램의 아스코르브산만 있었어도 스콧 중령과 동료들의 운명은 바뀌었을 것이다.

아스코르브산의 가치가 좀 더 빨리 인정받았다면 오늘날의 세계는 사뭇 다른 곳이 되었을 것이다. 선원들이 건강했더라면 마젤란은 일부러 필리핀에 정박할 필요 없이 항해를 계속해서 향료 제도를 중심으로 형성된 정향 시장을 독점하고 의기양양하게 강을 거슬러 스페인의 세비야에 도착했을 테고, 최초의 세계 일주자라는 영광을 누렸을 것이다. 마젤란의 도움으로 스페인이 정향 시장과 육두구 시장을 독점했다면 네덜란드 동인도 회사는 설립되지 못했을 것이고 인도네시아는 지금과 다른 모습이 되었을 것이다. 유럽에서 제일 먼저 향료 제도에 이르는 긴 여정에 도전했던 포르투갈 인들이 아스코르브산의 비밀을 알았다면 제임스 쿡보다 몇 세기 먼저 태평양을 횡단했을 것이다. 지금쯤 피지나 하와이는 포르투갈 어를 쓰고 있을 것이고 브라질도 광대한 포르투갈 제국의 식민지로 편입되어 있을 것이다. 위대한 네덜란드 항해가 아벨 얀스존 타스만이 항해할 때(1642~1644년) 괴혈병 예방법을 알았다면 뉴홀랜드(지금의 오스트레일리아)와 스테이튼랜드(지금의 뉴질랜드)에 상륙해 네덜란드의 영토권을 공표했을 것이다. 따라서 뒤늦게 남태평양으로 진출한 영국이 차지할 수 있는 영토는 훨씬 더 줄어들었을 것이고 영국이 오늘날까지 세계에 미치는 영향력도 훨씬 줄어들었을 것이다. 이런 생각을 해 보면 아스코르브산은 세계사와 지리학에서 매우 중요한 위치를 차지하고 있다는 결론에 도달하게 된다.

인간은 단맛의 노예, 설탕과 포도당

"설탕과 향신료와 그 밖에 좋은 것 모두(Sugar and spice and everything nice)"라는 서양의 자장가 노랫말에서도 알 수 있듯이 설탕과 향신료는 잘 어울린다. 이것은 우리가 애플파이와 생강빵을 대접받을 때 음미하게 되는 오랜 요리 궁합이기도 하다. 한때였지만 설탕도 향료처럼 부자들만 누릴 수 있는 사치품으로서, 고기 요리와 생선 요리를 위한 소스(오늘날 우리가 생각할 때에는 달콤하기보다는 짭짤한)의 재료로 쓰였다. 향신료처럼 설탕도 (산업 혁명을 이끌면서) 나라와 대륙의 운명을 바꿔 놓았고 전 세계의 상업과 문화를 바꿔 놓았다.

포도당(glucose)은 수크로오스(sucrose, 우리가 설탕이라고 부르는 물질)의 주성분이다. 감자당(cane sugar), 사탕무당(beet sugar), 옥수수녹말당(corn sugar) 같은 설탕의 여러 가지 이름은 설탕의 원료가 되는 식물의 이름을 딴 것이다. 설탕의 종류로는 황설탕, 백설탕, 베리슈거

(berry sugar), 가루 백설탕(castor sugar), 로슈거(raw sugar), 황갈색조당(demerara sugar) 등이 있다. 포도당 분자는 모든 종류의 설탕에 들어 있다. 포도당의 크기는 꽤 작다. 포도당은 6개의 탄소, 6개의 산소, 12개의 수소 원자로 이루어져 있다. 포도당을 구성하는 원자의 총합(24개)은 방향족 화합물(육두구와 정향의 핵심 물질들)을 구성하는 원자의 총합과 같다. 방향족 화합물의 향기가 원자들의 공간 배치에 기인하듯이 포도당(및 기타 당류) 분자의 단맛도 원자들의 공간 배치에 기인한다.

설탕은 다양한 식물에서 추출된다. 대개 열대 지방에서는 사탕수수에서 설탕을 얻고 온대 지방에서는 사탕무에서 얻는다. 사탕수수(sugarcane, *Saccharum officinarum*)의 원산지는 남태평양 또는 인도 남부로 알려져 있다. 사탕수수 재배는 아시아와 중동을 거쳐 아프리카와 스페인까지 전파되었다. 13세기 십자군이 유럽으로 돌아오면서 사탕수수에서 추출한 결정 모양의 설탕이 유럽에 처음 소개되었다. 이때부터 300년간 설탕은 이국 상품으로서 향신료와 동일하게 취급되었다(설탕 무역은 향료 무역이 출현한 베네치아에서 향료 무역과 함께 발달했다.). 설탕은 내복약에 사용되었는데 이는 설탕이 메스꺼움을 느끼게 하는 약의 맛을 완화시키고 약과 약을 결합시킬 뿐만 아니라, 설탕 자체가 약이기 때문이었다.

15세기가 되자 유럽에서 설탕 구하기가 좀 더 수월해졌다. 하지만 설탕 가격은 여전히 비쌌다. 설탕에 대한 수요가 계속 증가하고 설탕 가격이 계속 인하되면서 설탕 사용 이전부터 유럽과 전 세계에서 감미료로 쓰였던 꿀의 공급량이 줄어들었다. 16세기에 이르자 설탕은 대중이 일반적으로 사용하는 보편적인 감미료로 빠르게 자리 잡아 나

갔다. 17, 18세기가 되자 설탕을 사용한 과일 보존법과 잼, 젤리, 마멀레이드 제조법이 발견되어 설탕은 더욱더 대중적인 식품이 되었다. 1700년 추정된 영국의 연간 1인당 설탕 소비량은 1.8킬로그램으로 늘었고, 1780년 영국의 연간 1인당 설탕 소비량은 5.4킬로그램, 1790년 대에는 7.2킬로그램으로 늘었으며 이때 설탕 소비량의 대부분은 새로 등장한 대중 음료(차, 커피, 초콜릿 음료)에 사용된 것으로 추정된다. 설탕은 견과류에 시럽을 얹은 요리, 마치판, 케이크, 사탕 등에도 사용되었다. 설탕은 사치품에서 필수 기본 식료품이 되었고 설탕 소비량은 20세기 내내 계속 증가했다.

1900년과 1964년 사이에 세계 설탕 생산량은 700퍼센트 증가했고 주요 선진국들의 연간 1인당 설탕 소비량은 45킬로그램에 달했다. 최근에는 인공 감미료 사용이 증가하고 고(高) 칼로리 식단에 대한 관심이 높아지면서 이 수치가 좀 떨어졌다.

설탕과 노예 무역

설탕 수요가 없었다면 오늘날 세계의 모습은 지금과는 많이 달라졌을 것이다. 수백만 명의 아프리카 흑인들을 아메리카 대륙으로 끌고 온 노예 무역을 가속한 장본인이 설탕이기도 하고, 18세기 초까지 유럽의 경제 성장에 박차를 가하도록 만든 것도 설탕 무역에서 나온 이윤이기 때문이다. 초기 탐험가들은 아메리카 대륙의 열대 지역을 설탕 재배에 이상적인 땅이라고 보고했다. 중동의 설탕 독점을 너무

나도 극복하고 싶었던 유럽 인들은 브라질과 서인도 제도에서 설탕 재배를 시작했다. 노동 집약적인 사탕수수 재배의 노동력 공급원은 원래 두 가지였다. 아메리카 대륙의 원주민(천연두, 홍역, 말라리아와 같은 아메리카에 새로 유입된 질병으로 인해 이미 인구가 격감한 상태였다.)과 유럽에서 계약을 맺어 데려온 고용인들이었다. 이 인원으로는 필요한 노동력의 일부도 채울 수 없게 되자 아메리카 대륙 식민지 이주자들은 아프리카로 시선을 돌렸다.

당시만 해도 서아프리카에서 데려온 노예를 교역하는 것은 주로 포르투갈과 스페인의 내수 시장에 국한되어 있었다. 노예 무역은 지중해 연안의 무어 인들이 사하라 사막을 경유하는 교역을 하면서 자연스럽게 부산물로 형성된 것이었다. 아메리카 대륙에서 많은 노동력을 필요로 하게 되자 그 당시까지 소규모로 진행되던 노예 무역이 급격히 증가했다. 설탕 재배의 이윤이 막대할 것으로 예상되자 영국, 프랑스, 네덜란드, 프러시아, 덴마크, 스웨덴은 수백만의 아프리카 인들을 설탕 농장으로 수송하는 대규모 노예 무역에 뛰어들었다(나중에는 브라질과 미국도 뛰어들었다.). 노예의 노동력을 필요로 하는 상품이 설탕만은 아니었지만 설탕 재배는 노예 무역의 주된 동기였다. 한 통계에 따르면 신대륙으로 보내진 아프리카 노예의 약 3분의 2가 설탕 농장에서 노동력을 착취당했다고 한다.

1515년, 노예의 노동력으로 재배한 최초의 설탕이 서인도 제도에서 유럽으로 건너갔다. 크리스토퍼 콜럼버스가 사탕수수를 서인도 제도의 히스파니올라(옛 이름이 '아이티' 이다.) 섬에 도입한 지 꼭 22년 뒤의 일이었다. 16세기 중반, 설탕 재배를 위해 아프리카에서 브라질, 멕시코,

서인도 제도에 위치한 스페인과 포르투갈 식민지로 수송된 노예가 연간 약 1만 명에 달했다. 17세기, 서인도 제도에 위치한 영국, 프랑스, 네덜란드 식민지에서도 설탕이 생산되었다. 빠르게 증가하는 설탕 수요와 설탕 가공 기술의 발달, 새로운 알코올 음료인 럼주(설탕을 정제할 때 나오는 부산물로 만들어진다.)의 등장으로 아프리카에서 설탕 농장으로 수송된 아프리카 인들은 폭발적으로 증가했다.

아프리카 서해안에서 선박에 실려 신대륙에 팔린 아프리카 노예들의 정확한 숫자를 계산하는 것은 불가능하다. 남아 있는 기록들은 불완전할뿐더러 아마도 엉터리일 것이다. 뒤늦게나마 노예의 승선 수를 제한하는 법이 시행되었지만(수송선의 위생 수준 개선을 위해) 이 법을 빠져나가기 위해 실제보다 적은 수치가 기록되었기 때문이다. 그나마 최근이라 할 수 있는 1820년대 브라질 노예선의 경우, 무려 500여 명의 사람들이 넓이 81평방미터, 높이 90센티미터의 협소한 공간에 빽빽하게 수용되었다. 역사가들의 계산에 따르면 350년간의 노예 무역으로 5000만 명 이상의 아프리카 인들이 남북아메리카로 수송되었다고 하는데, 여기에는 노예 사냥 과정에서 죽은 사람, 아프리카 내륙에서 아프리카 해안으로 가는 길에 죽은 사람, 대서양을 건너는 항해의 공포를 견디지 못해 죽은 사람들의 수치가 누락되어 있다.

아프리카 서해안에서 아메리카의 설탕 농장(서인도 제도)에 이르는 대서양 중앙 항로(미들 패시지, middle passage)는 잘 알려진 삼각 무역(그레이트 서킷, Great Circuit)의 두 번째 변을 구성한다. 삼각 무역의 첫 번째 변은 유럽을 출발해 아프리카 서해안(주로 기니 서해안)에 도달하는 항로이다. 여기서 유럽의 물품과 교환한 아프리카 노예들을 싣고 아메리카의 설탕 농장에 도착해 노예들을 내려놓은 선박은 아메리카의 광산과 농장에서 생산된 광석, 럼주, 면화, 담배 등을 싣고 유럽으로 돌아가는데 이때 이용하는 항로가 바로 삼각 무역의 세 번째 변이다. 삼각 무역의 각 항로마다 막대한 이윤이 발생했고 특히 영국이 이윤을 많이 챙겼다. 18세기 후반 영국이 서인도 제도에서 벌어들인 수입은 세계의 나머지 지역과 교역해서 벌어들인 수입보다 훨씬 더 많았다. 설탕과 설탕 제품으로 말미암아 거대 자본이 등장하고 경제가 빠르게 팽창할 수 있었고 이를 바탕으로 영국과 프랑스는 18세기 후반과 19세기 초 산업 혁명을 일으킬 수 있었다.

포도당의 모든 것

포도당은 단당류(monosaccharide) 중에서 가장 흔한 당류이다. 단당류는 설탕이라는 뜻의 라틴 어 삭카룸(*saccharum*)에서 유래된 말이다. 접두어 모노(mono)는 한 단위를 뜻한다. 단당류(monosaccharide)는 이당류(disaccharide)나 다당류(polysaccharide)와 대조되는 말이다. 포도당의 구조식은 직쇄(直鎖, 원자의 결합이 일직선 상태인 사슬)로 그릴 수도 있고 이를 약간 변형해서 그릴 수도 있는데, 이 경우 수직선과 수평선이 만나는 자리는 탄소 원자 하나를 의미한다. 화학자들끼리 정한 (우리는 신경 쓰지 않아도 되는) 약속들에 따라 탄소 원자들에 번호가 매겨진다. 탄소 번호 1은 언제나 맨 꼭대기에 온다. 이렇게 나타낸 구조식은 독일 화학자 에밀 피셔(1891년 포도당 및 이와 관련된 다수의 기타 당류의 실제

포도당

구조를 확정했다.)의 이름을 따 피셔 투영식(Fischer projection formula)으로 불린다. 당시 피셔가 사용했던 과학적 도구들과 기법들은 아주 초보적인 수준이었지만 그의 연구 결과는 오늘날에도 여전히 화학 논리의 가장 우아한 표본이 되고 있다. 피셔는 당류에 대한 연구로 1902년 노벨 화학상을 받았다.

피셔 투영식으로 나타낸 포도당. 탄소 사슬에 매긴 번호를 보여 주고 있다.

포도당 같은 당류를 지금도 직쇄 형태로 그리고 있기는 하지만 오늘날 당류는 순환 구조, 즉 고리 구조로 존재하는 화합물임이 밝혀졌다.

당류의 고리 구조를 표현한 그림을 영국 화학자 월터 노먼 하스(비타민 C와 탄수화물 구조에 대한 연구로 1937년 노벨 화학상을 받았다. 두 번째 이야기 참조)의 이름을 따 하스식(Haworth formula)이라고 한다. 포도당 고리는 5개의 탄소 원자와 1개의 산소 원자로 이루어져 있다. 탄소 원자에 매겨진 번호를 참조하면 하스식의 탄소 원자가 피셔 투영식의 탄소 원자와 어떻게 대응하는지 알 수 있다.

6개 원자의 고리 구조

수소 원자를 모두 보여 주고 있다.

수소 원자를 모두 생략하고 번호를 매긴 탄소 원자를 보여 주고 있다.

하스식으로 표현한 포도당

OH기가 1번 탄소에 붙을 때 고리의 위에 붙느냐 아래에 붙느냐에 따라 고리 모양을 한 포도당의 종류가 두 가지로 정해진다. 이것은 매우 사소한 차이처럼 보이지만 복합 탄수화물(complex carbohydrate)처럼 포도당을 하나의 부분 요소로 포함하는 더 복잡한 분자 구조의 경우 매우 중대한 영향을 미치기 때문에 충분히 주목할 만한 가치가 있다. 1번 탄소에 붙은 OH기가 고리 아래에 있으면 α-포도당(α-glucose)이라고 하고 고리 위에 있으면 β-포도당(β-glucose)이라고 한다.

6CH₂OH ... α-포도당   6CH₂OH ... β-포도당

1번 탄소에 붙은 OH기가 고리 아래에 있다.

1번 탄소에 붙은 OH기가 고리 위에 있다.

우리가 설탕이라고 일컫는 수크로오스는 2개의 단당류 단위로 구성되어 있기 때문에 이당류(disaccharide)라고 한다. 2개의 단당류 중 하나는 포도당 단위이고 다른 하나는 과당 단위이다. 프룩토오스(fructose), 즉 과당은 포도당과 화학식($C_6H_{12}O_6$)도 같고 원자 수와 종류(6개의 탄소, 12개의 수소, 6개의 산소)도 같지만 구조식이 다르다. 즉 원자 배열 순서가 다르다. 이 차이를 화학적으로 정의해서 '과당과 포도당은 이성질체(異性質體, isomer)'라고 한다. 이성질체는 화학식이 같지만(원자 개수가 같지만) 원자 배열 순서가 다른 화합물이다.

포도당   과당

포도당 및 과당 이성질체의 피셔 투영식. 1번 탄소와 2번 탄소에 붙은 수소와 산소의 서로 다른 배열을 보여주고 있다. 과당은 2번 탄소에 수소 원자가 붙어 있지 않다.

과당도 포도당처럼 주로 고리 형태로 존재하지만 포도당과 조금 다른 점이 있다. 즉 아래 하스식에서 볼 수 있듯이 포도당의 고리는 6개의 원자로 이루어져 있지만 과당의 고리는 5개의 원자로 이루어져 있다. 포도당의 경우처럼 과당도 α형과 β형이 있다. 하지만 과당의 경우는 2번 탄소에서 산소와 고리가 만나기 때문에 2번 탄소를 기준으로 OH기가 고리 아래에 있으면 α-과당, 고리 위에 있으면 β-과당이라고 한다.

1번 탄소에 붙은 OH기가 고리 위에 있다.

하스식으로 나타낸 β-포도당

2번 탄소에 붙은 OH기가 고리 위에 있다.

하스식으로 나타낸 β-과당

수크로오스는 포도당과 과당의 비율이 똑같지만 포도당 분자와 과당 분자가 혼합되어 존재하는 것은 아니다. 즉 혼합물로 존재하지 않고 화합물로 존재한다. 즉 수크로오스는 α-포도당의 1번 탄소에 붙어 있는 OH기와 β-과당의 2번 탄소에 붙어 있는 OH기가 결합해 물 분자(H_2O)로 빠져나감으로써 포도당 분자 1개와 과당 분자 1개가 결합된 물질이다.

과당은 과일에서 쉽게 볼 수 있지만 벌꿀에서도 볼 수 있다. 벌꿀의 38퍼센트는 과당, 31퍼센트는 포도당, 10퍼센트는 수크로오스를 포함한 기타 당류, 나머지는 대부분 수분이다. 과당은 수크로오스나 포도당보다 더 달다. 따라서 과당을 포함하고 있는 벌꿀은 설탕보다 더 포도당과 과당 사이에서 H₂O가 빠져나가는 그림.
오른쪽 과당 분자는 원래 모습에서 180도 회전시킨 뒤, 아래위로 뒤집은 모습이다.

수크로오스의 구조식

달다. 단풍당밀(maple syrup)의 약 62퍼센트는 수크로오스이고 과당
과 포도당은 각각 1퍼센트밖에 되지 않는다.

젖당(milk sugar)으로도 불리는 락토오스(lactose)는 단당류인 포도
당 한 단위와 또 다른 단당류인 갈락토오스(galactose) 한 단위가 결합
해서 생성되는 이당류이다. 갈락토오스는 포도당의 이성질체이다.
포도당과 갈락토오스의 유일한 차이점은 4번 탄소에 결합되어 있는
OH기가 포도당의 경우 고리 아래에 있지만 갈락토오스의 경우 고리
위에 있다는 점이다.

β-갈락토오스   β-포도당

4번 탄소에 붙어 있는 OH기가 고리 위에 있는(화살표로 표시) β-갈락토오스와
고리 아래에 있는(화살표로 표시) β-포도당의 비교.
두 분자는 결합해서 락토오스를 생성한다.

락토오스의 구조식

왼쪽에 있는 갈락토오스의 1번 탄소와 오른쪽에 있는 포도당의 4번 탄소가 결합한다.

    고리 위아래에 OH기를 가진다는 것은 매우 사소한 차이처럼 보일
수 있지만 유당 분해 효소 결핍증(lactose intolerance)을 겪고 있는 사람
들에게는 매우 중요한 문제이다. 락토오스를 비롯한 이당류나 다당
류를 소화하기 위해서는 소화 초기에 이 분자들을 더 간단한 단당류
로 분해하는 특별한 효소가 필요하다. 락토오스를 분해하는 효소를
락타아제(lactase)라 하고 사람에 따라 아주 적은 양만 갖고 있는 성인

도 있다(보통 아이들이 어른들보다 더 많은 락타아제를 만들어 낸다.). 락타아제
가 부족해지면 우유를 비롯한 유제품의 소화가 어려워지고 유당 분해
효소 결핍증(복부 팽만, 급격한 복통, 설사)이 발생한다. 유당 분해 효소 결
핍증은 유전되는 특성이 있지만 의사의 처방전 없이 약국에서 구입할
수 있는 락타아제 효소로 쉽게 대처할 수 있다. 아프리카 부족과 같은
특정 인종 집단의 경우 어른과 아이(아기를 제외하고) 모두 락타아제 효
소가 전혀 없다. 이런 사람들은 식량 지원 프로그램에서 흔히 볼 수 있
는 분유나 기타 유제품을 지급받아도 소화시킬 수도 없거니와 오히려
위험하기까지 하다.

정상 상태의 건강한 포유류의 뇌는 에너지원으로 포도당만 사용한
다. 뇌에는 포도당을 저장할 수 있는 공간이 없기 때문에 뇌세포의 포
도당 공급은 혈류에 의해 분 단위로 이루어지고 있다. 혈중 포도당 농
도가 정상 수준의 50퍼센트 이하로 떨어지면 뇌기능 장애 증상이 나
타난다. 인슐린(혈중 포도당 농도가 일정하게 유지되도록 하는 호르몬) 과다 주
입 등으로 혈중 포도당 농도가 정상 수준의 25퍼센트 이하로 떨어지
면 혼수 상태에 빠질 수도 있다.

단맛의 비밀

당류가 사람들의 마음을 잡아끄는 이유는 단맛 때문이다. 실제로
사람들은 단맛을 좋아한다. 단맛은 네 가지 기본 미각 중의 하나로 나
머지 세 가지 미각은 신맛, 쓴맛, 짠맛이다. 이 네 가지 맛의 구별 능력

을 습득하는 일은 인류의 진화 단계에서 매우 중요한 위치를 차지했다. 일반적으로 단맛은 먹기에 좋거나 과일이 잘 익었다는 것을 의미한다. 반면 신맛은 과일 속에 아직 산이 많다는 것을 의미하는데 덜 익은 과일은 위통을 유발할 수 있다. 식물의 쓴맛은 흔히 알칼로이드(alkaloid)로 불리는 물질 때문이다. 알칼로이드는 대개 유독성이고 어떤 경우, 아주 적은 양으로도 유독성을 발휘하므로 미량의 알칼로이드를 탐지할 수 있는 능력은 생물에게 매우 유용하다고 할 수 있다. 공룡이 멸종한 이유로 백악기 말 진화한 현화식물(顯花植物. 생식 기관인 꽃이 있고 열매를 맺으며 씨로 번식하는 식물)의 일부에서 발견된 유독성 알칼로이드를 탐지할 수 있는 능력이 공룡에게 없었기 때문일지도 모른다는 설이 오래전부터 제기되어 왔다(보편적인 공룡 멸종설로 받아들여지지는 않지만).

인간은 선천적으로 쓴맛을 좋아하는 것 같지 않다. 실제로 대부분 쓴맛을 싫어한다. 쓴맛으로 인한 타액 분비와 같은 반응은 입 속에 들어있는 유독성 물질을 가능한 한 완벽하게 내뱉을 수 있도록 하기 때문에 우리 몸에 유익한 반응이다. 그런데 쓴맛을 좋아하지는 않아도 그 맛을 음미하게 되는 경우가 많다. 차와 커피에 들어 있는 카페인(caffeine)이나 탄산 음료에 들어 있는 퀴닌(quinine)의 경우가 이에 해당한다(대부분의 사람들은 이런 종류의 음료를 마실 때 여전히 설탕을 넣어 마시지만). 슬픔과 기쁨이 뒤섞였음을 의미하는 "달콤 쌉싸래하다."라는 말은 쓴맛에 대해 우리가 갖고 있는 양가 감정을 시사한다.

우리의 미각은 미뢰에 위치하고 있다. 미뢰는 주로 혀에서 볼 수 있는 특화된 세포들의 집단이다. 혀의 부위에 따라 맛을 느끼는 방법과 정도가 달라진다. 혀의 좌우측 가장자리가 신맛을 가장 잘 느끼는 반면 혀의 앞쪽 끝은 단맛에 가장 민감하다. 혼자서도 쉽게 이것을 테스트해 볼 수 있는데 설탕 용액을 혀의 좌우측 가장자리와 혀끝에 놓아보면 된다. 단맛을 더 강하게 감지하는 부분은 혀끝일 것이다. 설탕 용액 대신 레몬 주스로 테스트해 보면 결과는 훨씬 더 분명해진다. 혀끝에 레몬 주스를 놓아 보면 그다지 시지 않게 느껴진다. 하지만 레몬 조각을 얇게 썰어 혀 가장자리에 놓아 보면 어느 부분이 신맛을 가장 강하게 수용하는지 알 수 있을 것이다. 이 실험을 다른 미각 테스트로 확장할 수도 있다. 쓴맛은 혀 중앙에서 가장 강하게 느껴지지만 혀끝의 뒷면에서도 느껴진다. 짠맛은 혀끝 좌우측에서 가장 강하게 느껴진다.

노예 무역 시대나 지금이나 단맛에 관한 사업은 여전히 큰 돈이 되는 사업이기 때문에 단맛에 대한 연구는 다른 미각에 대한 연구보다 훨씬 많이 이루어져 왔다. 단맛과 화학 구조 사이의 관계는 복잡하다. 'A-H, B 모형'이라는 간단한 모형에서는 단맛이 분자 내의 원자 배열에 달려 있다고 설명한다. 원자들(그림에서 A 원자와 B 원자)은 특별한 기하학적 구조를 갖고 있어서 원자 B는 원자 A와 결합한 수소와 결합할 수 있게 된다. 즉 단맛을 내는 분자가 미각 수용기의 단백질 분자와 결합할 수 있게 된다. 그리고 이 아주 짧은 순간, '이것은 달다'라는 정보를 가진 신호가 만들어지게 되고 이 신호는 신경을 통해 뇌로 전달된다. 위의 경우 A와 B는 대개 산소 원자나 질소 원자이다(A, B 중 하나가 황일 수도 있다.).

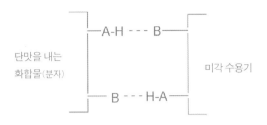

단맛에 대한 A-H, B 모형

　설탕 외에도 단맛을 내는 화합물은 많다. 하지만 이들 전부가 먹을 수 있는 것은 아니다. 에틸렌 글리콜(ethylene glycol)은 자동차 라디에이터에 쓰이는 부동액의 주요 성분이다. 에틸렌 글리콜 분자가 단맛이 나는 이유는 에틸렌 글리콜 분자의 가용성과 유연성 때문이기도 하고 에틸렌 글리콜 분자의 산소 원자 사이의 거리가 설탕 분자의 산소 원자 사이의 거리와 비슷하기 때문이기도 하다. 그러나 에틸렌 글리콜은 매우 강한 독성을 지니고 있다. 한 숟가락(약 15밀리리터)이면 수 명의 사람 목숨이나 애완동물의 목숨을 앗아갈 수 있다. 흥미롭게도 우리 몸에서 독성을 나타내는 것은 에틸렌 글리콜 자신이 아니라 에틸렌 글리콜이 우리 몸속의 효소에 의해 산화될 때 생기는 옥살산(oxalic acid)이다.

$$H_2C\!-\!OH$$
$$H_2C\!-\!OH$$

산화 →

$$O\!=\!\overset{\displaystyle O}{C}\!-\!OH$$

에틸렌 글리콜　　　　　　　　　　　　　　　　　　옥살산

옥살산은 대황(여뀟과의 식물)이나 시금치를 비롯한 수많은 종류의 식물에서 천연적으로 생성된다. 우리는 이런 식물들을 적당량 섭취하기 때문에 우리의 신장은 식물에 들어 있는 미량의 옥살산에 대처할 수 있는 것이다. 하지만 에틸렌 글리콜을 삼키게 되면 몸속에 옥살산이 갑자기 많아져서 신장이 손상되고 생명을 잃는다. 시금치 샐러드와 대황 파이를 같이 먹는다고 해서 위험하지는 않다. 신장 결석(수년간에 걸쳐서 생성)이 생기기 쉬운 체질이라면 몰라도 일반인이 몸에 해를 입을 정도로 많은 양의 시금치와 대황을 먹기란 쉬운 일이 아니다. 신장 결석의 주요 구성 성분인 옥살산칼슘(calcium oxalate)은 옥살산의 칼슘염으로 물에 녹지 않는 불용성이다. 신장 결석이 생기기 쉬운 사람들은 대개 수산염(oxalate)이 많은 음식을 피하라는 조언을 받는다. 보통 사람들의 경우에는 알맞게 먹는 것이 가장 좋다.

에틸렌 글리콜과 매우 유사한 구조이면서 단맛이 나는 화합물로 글리세롤(glycerol)이 있다. 글리세롤은 적당량을 섭취해도 무방하다. 글리세롤은 점도와 높은 가용성 때문에 조리 식품에서 식품 첨가물로 많이 사용된다. 최근 식품 첨가물이라는 말이 부정적인 이미지를 가지게 되어 식품 첨가물은 무기 화합물이고 건강에 안 좋고 인공적인 것이라는 의미를 가지게 되었다. 하지만 글리세롤은 분명히 유기 화

$$H_2C-OH$$
$$HC-OH$$
$$H_2C-OH$$

글리세롤

합물이고 독성이 없으며 포도주와 같은 천연 산물에서 생성된다. 포도주가 들어 있는 잔을 흔들면 포도주의 잔 표면을 타고 흘러내리는 '줄무늬(legs)'가 나타난다. 이것은 좋은 포도주의 척도인 점성과 부드러움을 증가시켜 주는 글리세롤 때문이다.

로마 제국의 멸망과 달콤한 포도주

당류가 아니지만 단맛이 나는 화합물이 많다. 이 화합물들 중에는 수십억 달러 규모의 인공 감미료 산업의 근간을 이루는 것도 있다. 인공 감미료의 분자 구조는 기하학적 배열이 당류와 비슷해서 단맛 수용기와도 딱 맞게 결합한다. 인공 감미료가 되기 위해서는 물에 녹아야 하고 독성이 없어야 하며 몸속의 신진 대사로 인해 변화되는 일이 없어야 한다. 이러한 인공 감미료들은 대부분 설탕보다 수백 배 달다.

현대에 개발된 최초의 인공 감미료는 사카린(saccharin)이다. 사카린은 고운 가루 모양이다. 사카린으로 연구하던 과학자들은 우연히 손을 입으로 가져갔을 때 가끔 단맛을 느끼고는 했는데 이것은 사카린이 너무 달아 아주 적은 양으로도 단맛 수용기의 반응을 불러일으켰기 때문이다. 이 사실은 1879년 일어난 한 사건에서 분명해졌다. 볼티모어 존스 홉킨스 대학교 화학과의 한 학생은 빵을 먹다가 지금까지와는 다른 단맛을 느꼈다. 그는 실험실로 돌아와 그동안 실험에 사용해 온 화합물들을 체계적으로 맛보았고(위험하지만 그 당시에는 새로운 분자를 다루는 일반화된 관행이었다.) 사카린이 엄청나게 달다는 사실을 알아냈다.

사카린은 칼로리가 전혀 없다. 1885년, 사카린이 단맛을 지니면서 칼로리가 없다는 장점 때문에 상업적으로 이용되었다. 사카린은 원래 당뇨병 환자 식단에서 설탕 대용으로 사용되었지만 일반 대중에게도 인기가 많아 빠르게 설탕 대용품의 자리를 차지하게 되었다. 하지만 사카린은 금속성의 뒷맛이 남는다는 단점이 있었고 독성이 있을지도 모른다는 가능성이 제기되면서 시클라메이트(cyclamate)나 아스파테임(aspartame) 같은 새로운 인공 감미료가 개발되었다. 구조식을 보면 알겠지만 인공 감미료의 구조는 제각각 다르고 설탕과도 전혀 다른 모습이지만 이들 모두는 단맛을 내는 데 필요한 적절한 원자, 특정 원자의 위치, 기하학적 배열, 유연성 등을 공통으로 갖고 있다.

사카린   시클람산나트륨   아스파테임

문제가 전혀 없는 인공 감미료는 없다. 어떤 감미료는 열을 가하면 분해되기 때문에 탄산 음료나 차가운 음식에만 사용할 수 있다. 어떤 감미료는 잘 녹지 않는다. 어떤 감미료는 단맛 외에 다른 맛도 갖고 있다. 아스파테임은 합성 감미료이지만 자연계에 존재하는 2개의 아미노산으로 이루어져 있다. 아스파테임은 몸안의 신진대사를 통해 다른 물질로 변한다(인공 감미료로서 결격사유다.). 하지만 포도당보다 200배

이상 달기 때문에 아주 조금만 섭취해도 만족할 수준의 단맛을 얻을 수 있다. 페닐케톤 요증(phenylketonuria, PKU)은 아스파테임이 분해될 때 생기는 아미노산인 페닐알라닌(phenylalanine)을 신진대사시킬 수 없는 유전병으로 페닐케톤 요증 환자는 아스파테임 섭취를 피해야 한다.

1998년, 미국 식품의약국(FDA)이 새로운 감미료, 수크랄로스를 승인하면서 인공 감미료 개발은 새로운 국면으로 접어들었다. 수크랄로스는 두 가지를 제외하면 수크로오스, 즉 설탕과 매우 유사한 구조를 갖고 있다. 첫 번째 차이점은, 수크로오스 왼쪽에 있던 포도당 단위가 수크랄로스에서는 갈락토오스 단위(락토오스의 구성 요소)로 치환되었다는 것이다. 두 번째 차이점은, 아래 화살표에서 표시하는 바와 같이, 왼쪽 갈락토오스 단위의 OH기 1개와 오른쪽 과당 단위의 OH기 2개가 3개의 염소(Cl) 원자로 치환되었다는 것이다. 3개의 염소 원자는 수크랄로스의 단맛은 그대로 유지하면서, 우리 몸이 수크랄로스를 분해·흡수하는 것을 가로막는다. 즉 수크랄로스는 칼로리 없는 설탕인 셈이다.

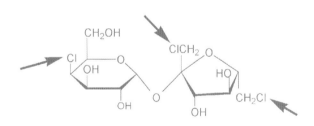

수크랄로스의 구조식.
3개의 염소 원자가 3개의 OH기를 대체한 모습을 보여 주고 있다.

현재 설탕보다 1000배 정도 단 '슈퍼 감미료(high potency sweetener)'를 함유한 식물로부터 천연 감미료를 얻는 연구가 진행되고 있다. 단맛을 가진 식물은 수세기 전부터 그 지역 원주민들에게 알려져 있었다. 예를 들면 스테비아 레바우디아나(*Stevia rebaudiana*, 남아메리카에서 자생), 감초(*Glycyrrhiza glabra*)의 뿌리, 베르베나(Verbena) 과 식물인 리피아 둘치스(*Lippia dulcis*, 멕시코에서 자생), 셀리구에아 페에이(*Selliguea feei*, Javanese fern, 자바 섬 서쪽 지역에서 자생하는 양치식물)의 뿌리줄기 등이 그러하다. 천연 재료에서 얻어지는 감미료도 상업적 이용 가능성이 있기는 하지만 낮은 농도, 독성, 낮은 가용성, 받아들이기 어려운 뒷맛, 안정성, 기타 품질 등과 같은 문제들이 극복되어야 한다.

사카린이 사용된 지 100년이 넘었지만 인공 감미료로 사용된 최초의 물질은 사카린이 아니었다. 로마 시대에 포도주 맛을 달게 하기 위해 사용한 아세트산납(lead acetate)이 최초의 인공 감미료였다. 아세트산납은 화학식이 $Pb(C_2H_3O_2)_2$이며 연당(sugar of lead)이라고도 한다. 포도주에 연당을 사용하면 벌꿀을 넣었을 때와 달리 포도주를 더 이상 발효시키지 않고도 단맛을 낸다. 납염(lead salt)도 단맛을 내기는 하지만 대부분 불용성이고 전부 유독성인 데 비해 아세트산납은 가용성이 매우 좋다. 로마 인들은 아세트산납의 독성을 전혀 알지 못했다. 이 사실은 음식이 식품 첨가물로 오염되지 않은 옛날이 좋았다고 생각하는 우리의 상식과는 괴리가 있는 부분이다.

로마 인들은 포도주 같은 음료를 납 용기에 저장하고 납 파이프를 이용해 가정에 물을 공급했다. 납은 몸속에 축적되고 납 중독은 신경계와 생식계를 비롯한 신체의 여러 기관들에 악영향을 미친다. 초기 증상은 뚜렷하게 나타나지 않지만 납 중독은 불면, 식욕 부진, 짜증, 두통, 위통, 빈혈증 등을 야기한다. 납 중독으로 인한 뇌손상은 총체적인 정서 불안과 신체마비로 발전한다. 일부 역사가들에 따르면 네로 황제를 비롯한 많은 로마의 지도자들이 납 중독 현상을 보였다고 하며 로마 제국의 몰락은 납 중독 때문이라고 한다. 당시 로마는 부유한 귀족 지배 계급만이 가정에 수도관을 설치했으며 포도주 저장에 납용기를 사용했다. 서민들은 물을 길어 먹었을 것이고 포도주는 다른 용기에 저장했을 것이다. 로마 제국의 몰락이 정말 납 중독 때문이라면 화학이 역사의 흐름을 바꾼 또 하나의 예가 될 것이다.

설탕, 단맛에 대한 욕망은 인류 역사를 형성했다. 아프리카 노예들을 아메리카 대륙으로 끌고 가도록 부채질한 것은 유럽에서 팽창하고 있던 거대 설탕 시장에서 쏟아져 나온 이윤이었다. 설탕이 없었다면 노예 무역은 훨씬 줄어들었을 것이고 노예가 없었다면 설탕 무역도 그만큼 줄어들었을 것이다. 설탕 때문에 대규모의 노예 제도가 발전하기 시작했고 설탕에서 벌어들인 수입으로 노예 제도가 지탱되었다. 서아프리카 국가(와 국민)들을 살찌웠던 설탕은 아메리카 대륙으로 넘어가 식민주의 국가들의 부의 원천이 되었다.

노예 제도가 폐지된 이후에도 설탕에 대한 욕망은 여전히 지구상의 인권 운동에 악영향을 미쳤다. 19세기 말 도제 계약을 맺은 수많은 인도 출신 노동자들이 피지 제도로 와서 사탕수수 밭에서 일했다. 그 결과 태평양 제도의 인종 구성이 완전히 바뀌어 예전에 대다수를 차지하던 멜라네시아 인들은 현재 절반에도 미치지 못하고 있다. 최근

세 차례의 쿠데타를 겪은 피지는 아직도 정치적·인종적 불안 상태에 놓여 있다. 열대 지역 다른 나라들의 인종 구성도 상당 부분 설탕의 영향을 받았다. 오늘날 하와이의 가장 큰 인종 집단은 하와이의 사탕수수 밭에서 일하려고 이민 온 일본인들의 후손들이다.

설탕은 지금도 인간 사회를 형성하고 있는 중요한 무역 상품이다. 갑작스러운 기상 변동이나 해충 피해는 설탕 재배국 경제와 전 세계 주식 시장에 악영향을 미친다. 설탕 가격이 오르면 식품 산업 전반에 그 효과가 파급되기 때문이다. 또한 설탕은 정치적 도구로 사용되어 왔다. 수십 년간 소련은 쿠바의 설탕을 구매해 줌으로써 피델 카스트로를 지원했다.

우리가 먹고 마시는 것 대부분에는 설탕이 들어 있으며 특히 어린이들은 단 음식을 좋아한다. 우리는 손님을 대접할 때 과자를 내놓는다(과거에는 간단한 식사를 함께했다.). 전 세계 여러 문화에서 주요 명절이나 축하할 일이 있을 때 설탕이 들어간 음식과 사탕이 등장한다. 포도당 분자 및 포도당 분자 이성질체의 소비량이 이전 세대에 비해 수 배 이상 증가하면서 당뇨, 비만, 충치와 같은 건강 문제가 초래되었다. 우리의 일상 생활은 지금도 여전히 설탕의 영향을 받고 있다.

남북 전쟁의 도화선, 셀룰로오스

설탕 생산은 남북아메리카의 노예 무역을 성장시켰다. 하지만 3세기 이상 노예 무역을 지속시킨 것은 설탕만이 아니었다. 유럽 시장에서 거래된 다른 작물들의 생산에도 노예가 필요했다. 이 작물 가운데 하나가 면화였다. 수확한 면화를 영국으로 가져와 값싼 면직물을 만들고, 이 면직물을 아프리카에 보내 교환한 노예는 신대륙, 특히 미국 남부 농장으로 보냈다. 이것이 바로 삼각 무역이다. 설탕에서 나온 이윤은 삼각 무역을 시작할 수 있는 자본을 공급했고 영국 산업이 성장할 수 있는 밑거름이 되었다. 하지만 18세기 후반과 19세기 초, 영국이 본격적인 경제적 팽창으로 산업 혁명을 이룰 수 있었던 것은 면화와 면화 무역 덕분이었다.

면화와 산업 혁명

면화의 열매는 자라서 둥근 꼬투리가 되는데 이것이 볼(boll)이다. 볼은 면 섬유 덩어리와 그 안에 들어 있는 기름기 있는 종자로 되어 있다. 면화는 고시피움(Gossypium) 속에 속한다. 면화는 인도와 파키스탄에서 재배되었고 약 5000년 전에 멕시코와 페루에서도 재배되었다는 증거가 있다. 면화는 기원전 300년경 알렉산드로스의 군대가 인도에서 면으로 된 옷을 갖고 돌아오면서 유럽에 알려지게 되었다. 중세에는 아랍 상인들이 면화를 스페인에 들여 왔다. 면화가 잘 자라기 위해서는 서리가 없어야 하고 수분이 많이 필요하며 배수가 잘 되는 흙에 더운 여름날이 오래 지속되어야 한다. 온대 지역인 유럽에는 이런 조건을 만족하는 지역이 없었기 때문에 영국을 비롯한 유럽 북부 국가들은 면화를 주로 수입에 의존했다.

영국의 랭커셔 지방은 면화 산업을 토대로 성장한 영국 산업 단지의 중심이 되었다. 랭커셔 지방의 습한 기후는 면 섬유들을 서로 달라붙게 만드는데 일조했는데, 이는 면직물 생산에 최적의 조건을 제공하는 것이었다. 면 섬유들이 서로 달라붙는다는 것은 방적 공정과 방직 공정에서 실이 끊어질 확률이 그만큼 줄어든다는 것을 의미했기 때문이다. 이런 이유로 건조한 지역의 면직 공장은 습한 지역의 면직 공장에 비해 더 많은 생산 원가가 들었다. 기후적인 여건 외에도 랭커셔 지방은 면직 공장 부지와 공장 노동자용 주택을 지을 토지도 충분했고 면직물을 탈색, 염색, 날염하기 위한 연수(軟水)와 석탄 공급도 충분했다(석탄 공급은 증기 기관 발명 이후 산업 단지 형성의 매우 중요한 요소가 되었다.).

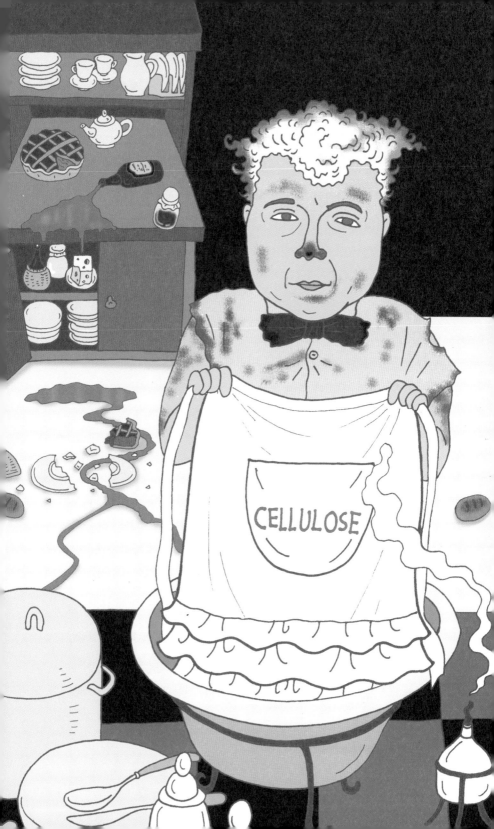

1760년 영국은 1130만 킬로그램의 원면을 수입했다. 채 80년이 지나지 않아 영국의 면직 공장은 이 양의 140배 이상을 처리하게 되었다. 이 같은 면직물 생산량의 증가는 영국의 산업화에 엄청난 영향을 미쳤다. 값싼 면사에 대한 수요로 말미암아 기계 혁명이 일어났고 기계 혁명 덕분에 면직물 생산 공정의 모든 단계가 기계화되었다. 18세기 기계 혁명이 일어난 분야를 보면 면 섬유를 씨앗에서 분리하는 조면기, 분리한 원섬유를 가지런히 하는 원사소면기, 섬유를 뽑고 꼬아서 실을 만드는 다축 방적기와 소모 방적기, 다양한 종류의 기계화된 베틀북 등이 있다. 처음에 이 기계들은 인력으로 돌렸지만 점차 동물이나 수차의 힘을 이용하게 되었고 제임스 와트가 증기 기관을 발명하자 증기 기관이 주 동력원으로 자리잡기 시작했다.

면화 무역이 사회에 미친 파장은 엄청났다. 잉글랜드 중부 지방은 소규모의 무수한 교역 센터로 이루어진 농경 지역에서 300개의 공업 마을로 이루어진 공업 지구로 변모했다. 근로 조건과 생활 환경은 끔찍했다. 엄격한 규칙과 가혹한 규율의 공장 시스템에서 노동자들은 장시간 근무해야 했다. 대서양 건너편(미국) 면화 농장의 노예 신분과 똑같다고 할 수는 없었지만 먼지투성이의 시끄럽고 위험한 면직 공장에서 근무했던 수많은 노동자들은 면화 무역 때문에 노예나 다름없는 신체적 구속, 모욕, 비참한 고통을 겪었다. 노동자들은 임금 대신 가격을 부풀린 면직물을 받았다. 이런 관행에 대해 노동자들은 아무 말도 하지 못했다. 주거 환경은 개탄할 정도였다. 공장 주변 지역은 좁고, 어둡고, 하수 시설이 제대로 되어 있지 않은 길을 따라 건물들이 빽빽하게 들어찼다. 춥고, 축축하고, 더러운 건물에서 공장 근로자들

(과 그들의 식구들)은 대개 한 집에 두세 가구가 살았고 지하실이 있으면 여기에도 한 가구가 살았다. 이런 환경에서 태어난 아이들의 절반 이상은 5세가 되기도 전에 사망했다. 이 문제를 고민한 일부 당국자들도 있었다. 그러나 당국자들이 염려한 것은 무시무시하게 높은 아동 사망률이 아니라 "아이들이 노동 인구가 되기도 전에 죽는다는 것"이었다. 아이들이 면직 공장에 근무할 나이가 되면 기계 밑을 기어들어가(아이들은 덩치가 작아서 좁은 공간에서 일하기 좋았다.) 재빠른 손놀림으로 끊어진 실을 잇는 일을 했다. 아이들은 하루 12~14시간 노동을 했으며 잠시라도 졸면 구타를 당했다.

아동에 대한 부당한 대우와 학대에 분개하여 광범위한 인권 운동이 일어났다. 이 운동은 노동 시간, 아동 노동, 공장 안전, 보건 수준을 규제하는 법 제정을 요구했다. 오늘날 노동법의 상당 부분은 이 법안에서 비롯되고 발전했다. 이런 상황에 고무된 수많은 공장 노동자들은 직종별 노동 조합과 사회·정치·교육 개혁을 요구하는 수많은 운동에서 주도적인 역할을 하기 시작했다. 하지만 변화는 쉽게 오지 않았다. 공장주들과 주주들은 거대한 정치 권력을 휘두르며 면화 무역으로 번 막대한 이윤이 근로 환경 개선에 투자되는 것을 막으려 했다. 랭커셔 주 맨체스터에서는 수백 개의 면직 공장에서 검은 연기가 쉴 없이 뿜어져 나왔다. 맨체스터는 면화 무역과 함께 성장하고 번영했다. 면화로 벌어들인 돈은 맨체스터를 산업화하는 데 재투자되었다. 운하와 철도가 건설되어 원재료와 석탄을 맨체스터 산업 단지의 공장들로 수송했고 공장에서 나온 완제품은 맨체스터 인근 리버풀 항으로 보냈다. 염료, 표백, 주조, 금속 세공, 유리 제조, 조선, 철로 제조 등의 제품과 서비스를 제공하는 대량 생산업체들에 의해 기사, 기계공, 건축가, 화학자, 장인과 같은 업종 전문가들에 대한 수요가 급증했다.

1807년, 영국에서 노예 무역을 금지하는 법안이 제정되었음에도 불구하고 기업가들은 노예의 노동력으로 재배된 면화를 미국 남부에서 계속해서 수입했다. 1825~1873년 영국의 최대 수입품은 원면이었다(원면은 미국, 이집트, 인도와 같은 면화 생산국에서 수입되었다.). 하지만 제1차 세계 대전으로 원면 공급이 중단되자 영국의 면직물 가공량이 줄어들기 시작했다. 이후 영국의 면화 산업은 예전 수준으로 회복되지 못했다. 이는 기존의 면화 생산국들이 현대식 기계류를 설치하고 영국보다 값싼 자국의 노동력을 이용해서 면직물의 주요 생산국이자 주요 소비국이 되었기 때문이다.

설탕 무역은 산업 혁명이 태동할 수 있는 초기 자본을 제공했다. 하지만 19세기, 영국이 번영할 수 있었던 것은 면직물에 대한 수요 때문이었다. 면직물은 값싸고 매력적이라 의복과 집안 비품 꾸미기에 이상적이었다. 면 섬유는 다른 섬유와 아무 문제없이 혼용될 수 있었고 빨기도 쉽고 바느질하기도 쉬웠다. 대중들이 식물성 섬유로 면을 선택하면서 면직물은 값비싼 리넨(linen)을 빠르게 대체했다. 유럽, 특히 영국에서 원면에 대한 수요가 크게 증가하면서 미국의 노예 수도 급격하게 증가했다. 면화 재배는 노동 집약도가 매우 높다. 농기계, 살충제, 제초제 등은 한참 뒤에 발명되었기 때문에 면화 재배는 노예의 노동력이 없으면 불가능했다. 1840년 미국의 노예 인구는 150만 명으로 추산되었다. 이로부터 꼭 20년 뒤, 미국의 원면 수출액이 미국 전체 수출액의 3분의 2를 차지했을 때 미국의 노예 인구는 무려 400만 명에 이르렀다.

포도당에서 물을 빼면 셀룰로오스!?

다른 식물성 섬유처럼 면 섬유도 90퍼센트 이상이 셀룰로오스(cellulose)이다. 셀룰로오스는 포도당으로 이루어진 중합체(polymer)이고 식물 세포벽의 주요 성분이다. 중합체라고 하면 흔히 합성 섬유나 플라스틱을 연상하게 된다. 하지만 천연 상태로 존재하는 중합체도 많다. 중합체라는 뜻의 영어 단어 polymer는 '많다'를 의미하는 그리스 어 폴리(*poly*)와 '부분들' 혹은 '단위들'을 뜻하는 메로스(*meros*)에서 왔다. 따라서 하나의 중합체는 수많은 단위들로 이루어져 있음을 알 수 있다. 포도당으로 이루어진 중합체, 즉 다당류(polysaccharide)는 세포 내에서 수행하는 기능을 기준으로 구조 다당류(structural polysaccharide)와 저장 다당류(storage polysaccharide)로 분류된다. 셀룰로오스 같은 구조 다당류는 식물의 형태를 잡아주는 역할을 하며 저장 다당류는 필요할 때 사용할 수 있도록 포도당을 저장하는 역할을 한다. 구조 다당류의 단위는 β-포도당 단위(β-glucose unit)이고 저장 다당류의 단위는 α-포도당 단위(α-glucose unit)이다. 세 번째 이야기에서 언급한 바와 같이 β는 1번 탄소와 결합한 OH기가 포도당 고리 위에 있음을 의미한다. α-포도당은 1번 탄소와 결합한 OH가 포도당 고리 아래에 있다.

β-포도당의 구조식   α-포도당의 구조식

α-포도당과 β-포도당의 차이는 작아 보인다. 하지만 이 작은 차이 때문에 각각의 포도당에서 파생된 다당류의 기능과 역할은 엄청나게 달라진다(OH기가 고리 위에 있으면 구조 다당류가 되고 OH기가 고리 아래에 있으면 저장 다당류가 된다.). 분자 구조의 아주 작은 변화가 물질의 특성을 근본적으로 바꿔 놓는 경우는 화학에서 매우 흔하게 볼 수 있다. α, β-포도당 중합체는 이런 현상을 특히 잘 보여준다.

모든 다당류의 포도당 단위들은 한 포도당 단위의 1번 탄소와 다른 포도당 단위의 4번 탄소가 만나 결합이 이루어진다. 이때 한 포도당

2개의 β-포도당 분자 사이의 축합(1개의 물 분자가 빠져나감). β-포도당 분자의 결합하지 않은 양단(兩端)은 이 결합을 반복한다.

단위의 H와 다른 포도당 단위의 OH가 만나 1개의 물 분자(H_2O)가 형성되면서 결합에서 빠져 나온다(이렇게 물 분자가 빠져나오는 과정을 '탈수'라고 한다.). 이 과정을 축합(縮合, condensation)이라 하고 이 중합체를 축합 중합체(condensation polymer)라고 한다. 축합을 통해 포도당 단위들이 결합하면 포도당 단위로 이루어진 연속적인 긴 사슬이 형성되고 사슬 양단에는 결합하지 않은 OH기가 달려 있게 된다.

β-포도당의 1번 탄소와 4번 탄소가 결합하면 H_2O 분자가 탈수되면서 긴 중합체 사슬이 형성된다. 이 사슬을 셀룰로오스라고 한다. 이 그림은 5개의 β-포도당 단위가 결합된 모습을 보여 주고 있다.

셀룰로오스 사슬의 구조식(일부). 1번 탄소와 결합한 O(화살표로 표시된)는 β이다(고리 위에 있다.).

셀룰로오스 밭, 면화밭 (사진 제공 Peter Le Couteur)

면직물의 매력적인 특성은 셀룰로오스의 독특한 구조에서 나온다. 셀룰로오스 사슬은 빽빽하게 모여서 튼튼하고 용매에 잘 녹지 않는 섬유질을 형성한다(식물의 세포벽이 이 섬유질로 되어 있다.). 물질의 물리적 구조를 보여 주는 기법(엑스선 분석법이나 전자현미경)을 사용하면 셀룰로오스 사슬들이 다발을 이루어 나란히 놓여 있는 것을 볼 수 있다. 셀룰로오스 사슬이 빽빽하게 모여서 다발을 형성할 수 있는 것은 β-결합(β-linkage)의 모양 때문이다. 셀룰로오스 사슬 다발은 꼬여서 우리 눈에 보이는 섬유질을 형성한다. 셀룰로오스 사슬 다발 양단에는 결합하지 않은 OH기들이 있다. 이 OH기들은 물 분자를 끌어당기므로 셀룰로오스는 수분을 함유할 수 있게 되고 면직물이나 기타 셀룰로오스 기반 제품들도 높은 흡수성을 지니게 된다. "면이 숨을 쉰다."

라는 말은 공기 투과와는 아무 관련이 없고 면직물의 흡수성과 밀접한 관련이 있다. 더운 여름날 땀이 증발하면서 면직물에 흡수되어 우리 몸의 체온이 내려간다. 나일론이나 폴리에스테르 속옷은 수분을 흡수하지 않기 때문에 몸에서 난 땀이 증발되지 못하고 습도가 높아져 불쾌감을 느끼게 된다.

셀룰로오스 이외의 구조 다당류로 키틴(chitin)이 있다. 키틴은 셀룰로오스의 이형(異形)이다. 키틴은 게, 새우, 바다가재 같은 갑각류의 껍질에서 흔히 볼 수 있다. 키틴도 셀룰로오스처럼 β-다당류이다. 키틴은 β-포도당 단위의 2번 탄소에 아마이드기($NHCOCH_3$)가 결합되어 있다는 점이 OH기가 결합되어 있는 셀룰로오스와 다르다. 따라서 키틴의 각 단위는 2번 탄소와 결합한 셀룰로오스의 OH기가 $NHCOCH_3$기로 치환(置換)된 포도당 분자이다.

갑각류 껍질에서 볼 수 있는 중합체인 키틴의 구조식 일부. 2번 탄소와 결합한 셀룰로오스의 OH기가 $NHCOCH_3$로 치환되었다.

키틴을 구성하는 기본 단위는 N-아세틸글루코사민(N-acetyl glucosamine)이다. 대수롭지 않은 이름이라고 생각할지도 모르겠다. 하지만 관절염이나 관절 관련 질환을 앓은 적이 있다면 아마 이 이름을 들어 봤을 것이다. 글루코사민(glucosamine)은 N-아세틸글루코사민의 유도체(誘導體, derivative. 유도체란 화합물 중의 수소 원자 또는 특정 기(group)가 다른 원자 또는 기로 치환된 화합물을 말한다.─옮긴이)로서 둘은 서로 밀접한 관련을 맺고 있다. 글루코사민과 N-아세틸글루코사민은 모두 갑각류 껍데기에서 만들어지며 수많은 관절염 환자들의 고통을 덜어 주었다. 글루코사민과 N-아세틸글루코사민은 관절 연골의 교체나 보충을 촉진하는 것으로 여겨진다.

인간을 포함한 모든 포유류는 구조 다당류의 β-결합을 분해할 수 있는 소화 효소가 없다. 따라서 식물 셀룰로오스에 엄청난 양의 포도당 단위들이 들어 있음에도 불구하고 우리는 그 포도당 단위를 에너지원으로 섭취할 수 없다. 하지만 어떤 세균이나 원생동물들은 구조 다당류의 β-결합을 분해하는 소화 효소를 만들어 낸다(따라서 셀룰로오스가 포도당 분자로 분해된다.). 어떤 동물들의 소화계에는 음식물 소화를 위한 임시 저장소가 있다. 임시 저장소에는 미생물들이 살면서 숙주가 영양분을 섭취하는 것을 돕는다. 말은 임시 저장소로 맹장(소장과 대장이 만나는 큰 주머니)을 갖고 있다. 소, 양 같은 반추동물은 위가 4개의 방으로 이루어져있고 4개 중 하나의 방에 미생물이 살면서 숙주가 영양분을 섭취하는 것을 돕는다. 반추동물은 주기적으로 위에 있는 음식물을 토해내서 되새김질을 한다. 이것은 β-결합 분해 효소가 음식물과 잘 섞이도록 소화계가 진화한 결과이다. 토끼나 기타 설치류는 셀룰로오스를 분해하는 미생물이 대장에 살고 있다. 대부분의 영양소는 소장에서 흡수되는데 설치류의 경우 미생물이 분해한 포도당이 대장에 있기 때문에 이를 섭취할 방법이 없다. 이런 동물들은 자신의 대변을 먹어서 포도당을 섭취한다. 즉 영양소(포도당이 들어 있는 대변)가 소화관(입에서 항문까지)을 두 번째 지나갈 때 소장이 포도당을 흡수한다. 셀룰로오스를 분해해서 포도당을 섭취하는 방법치고는 너무 역겹게 보일지도 모르겠다. 하지만 이들에게는 훌륭한 방법이다. 흰개미, 불개미 같은 곤충류는 미생물을 키우면서 셀룰로오스를 먹이로 준다. 이 때문에 목제 건물이 막대한 피해를 입는 경우가 있다. 우리는 셀룰로오스를 분해해서(물질대사를 시켜) 포도당을 섭취할 수는 없지만 그래도 셀룰로오스를 음식으로 섭취해야 한다. 셀룰로오스와 기타 섬유소로 이루어진 식물 섬유는 소화관을 따라 내려가면서 우리 몸의 노폐물 배출을 돕기 때문이다.

녹말의 포도당 사슬

우리 몸에는 β-결합을 분해하는 소화 효소는 없지만 α-결합을 분해하는 소화 효소는 있다. α-결합은 저장 다당류, 녹말, 글리코겐 (glycogen) 등에서 볼 수 있다. 녹말은 우리가 포도당을 섭취하는 주 음식원으로 뿌리, 덩이줄기, 식물의 종자 등에 풍부하다. 녹말은 두 가지 다당류(아밀로오스와 아밀로펙틴)가 혼합되어 있는 물질이다. 아밀로오스(amylose)와 아밀로펙틴(amylopectin)은 서로 닮은 점이 많고 둘 다

α-포도당 중합체이다. 녹말의 20~30퍼센트를 차지하는 아밀로오스는 한 포도당 분자의 4번 탄소와 다른 포도당 분자의 1번 탄소가 결합해서 수천 개의 포도당 단위가 이어진 사슬로, 분기(分岐)하지 않은 형태이다(아밀로펙틴은 분기한 형태이다.). 아밀로오스와 셀룰로오스의 유일한 차이점은 아밀로오스는 α-결합으로 이루어져 있고 셀룰로오스는 β-결합으로 이루어져 있다는 데 있지만 아밀로오스의 역할과 셀룰로오스의 역할은 전혀 다르다.

α-포도당 단위가 결합할 때 분자가 탈수되면서 형성된 아밀로오스 사슬(일부). 1번 탄소와 결합한 O가 고리 밑에 있기 때문에 α-결합이다.

녹말의 70~80퍼센트는 아밀로펙틴이다. 아밀로펙틴도 아밀로오스처럼 4번 탄소와 1번 탄소가 결합해서 α-포도당 단위가 길게 이어져 있는 사슬이다. 하지만 아밀로펙틴은 스무 번째와 스물다섯 번째 사이의 포도당이 다른 포도당 사슬과 결합해서 분기가 일어난다(사슬과 사슬이 교차한다.). 이 교차 결합은 포도당 단위의 1번 탄소와 다른 포도 당 단위의 6번 탄소가 결합하는 것이다. 아밀로펙틴은 사슬과 사슬이 교차하면서 수백만 개의 포도당 단위들이 연결되기 때문에 자연계에 서 볼 수 있는 가장 큰 분자 가운데 하나를 형성하게 된다.

아밀로펙틴의 구조식(일부). 아밀로펙틴 사슬의 분기가 시작되는 α-교차 결합(1번 탄소와 6 번 탄소의)이 화살표로 표시되어 있다.

녹말이 우리 몸에서 소화가 된다는 사실 외에 또다른 중요한 특성 들도 α-결합에서 연유한다. β-결합인 셀룰로오스는 선형 구조라서 빽빽하게 밀집되어 있지만 α-결합인 아밀로오스 사슬과 아밀로펙 틴 사슬은 나선 형태라서 조직이 성기다. 셀룰로오스는 조직이 치밀 해 물 분자가 충분한 에너지를 가져도 셀룰로오스 조직 사이로 침투 하지 못하지만 녹말은 조직이 성겨서 나선형 사슬 사이로 물 분자가 침투하게 된다. 따라서 셀룰로오스는 불용성을 띠게 되고 녹말은 수 용성을 띠게 되는 것이다. 녹말의 수용성은 온도에 따라 매우 달라 진다(요리사들도 이 사실을 잘 알고 있다.). 녹말을 물에 풀어 열을 가하면 녹말 분자는 점점 더 많은 수분을 흡수하다가 특정 온도가 되면 사 슬들이 끊어지면서 그물 모양으로 산재하게 되는데 이것을 겔(gel)

이라고 한다. 녹말을 처음 물에 풀었을 때 뿌옇던 혼탁액은 이후 맑아지면서 농도가 진해지기 시작한다. 이런 원리 때문에 요리사들이 진한 소스를 만들 때에는 밀가루, 타피오카, 옥수수 전분 등을 사용한다.

글리코겐(glycogen)은 동물에서 볼 수 있는 저장 다당류이다. 글리코겐은 주로 간세포나 골격근 세포에서 형성된다. 글리코겐과 아밀로펙틴은 매우 유사하다. 하지만 아밀로펙틴의 경우 포도당 20~25개마다 1번 탄소와 6번 탄소의 α-교차 결합이 일어나는 반면, 글리코겐은 포도당 10개마다 α-교차 결합이 일어난다. 따라서 글리코겐 분자는 아밀로펙틴보다 훨씬 많은 분기가 일어나게 된다. 이 사실은 동물들에게 매우 중요하다. 똑같은 개수의 포도당 단위로 이루어진 사슬이라 해도 분기하지 않은 사슬은 말단이 2개밖에 되지 않지만 분기가 많이 일어난 사슬은 말단도 무수히 많이 발생한다. 말단이 많을수록

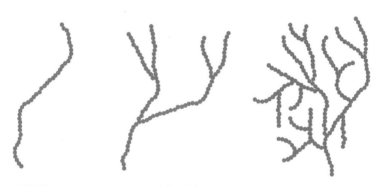

아밀로오스   아밀로펙틴   글리코겐

녹말(아밀로오스와 아밀로펙틴의 혼합물)의 분기와 글리코겐 분기의 비교. 분기가 많이 일어날수록 효소가 결합을 분해할 수 있는 끝단 수도 많아져서 포도당을 더 빨리 신진 대사에 이용할 수 있다.

좋은 이유는 갑자기 에너지가 필요할 때 한꺼번에 많은 포도당을 말단에서 분리해 쓸 수 있기 때문이다. 동물과 달리 식물은 육식 동물에게서 달아나거나 먹이를 쫓는 일이 없기 때문에 급작스러운 에너지의 폭발을 필요로 하지 않는다. 식물은 신진대사율이 낮기 때문에 글리코겐보다 분기가 적게 일어난 아밀로펙틴이나 분기가 아예 일어나지 않은 아밀로오스 같은 연료 보관 창고만으로도 충분하다. 똑같은 교차결합인데도 단지 분기하는 개수가 다르다는 이런 작은 화학적 차이가 식물과 동물의 근본적인 차이를 가져오는 하나의 이유가 되고 있다.

쇤바인의 앞치마 폭탄

지구상에는 저장 다당류도 상당히 많지만 구조 다당류인 셀룰로오스는 이보다 훨씬 더 많다. 계산에 따르면 지구상에 존재하는 유기 탄소의 절반이 셀룰로오스에 들어 있다고 한다. 매년 10^{14}킬로그램(약 1000억 톤)의 셀룰로오스가 생합성(生合成, biosynthesis)되고 분해되는 것으로 추정된다. 셀룰로오스는 풍부하게 존재할 뿐만 아니라 부족하면 다시 보충할 수 있는 자원이다. 오래전부터 화학자들과 기업가들은 값싸고 손쉽게 구할 수 있는 시작 물질로 셀룰로오스에 관심을 가져 왔다.

1830년대, 셀룰로오스가 농축된 질산에 녹는다는 사실이 발견되었고 셀룰로오스가 녹은 질산 용액을 물에 부으면 가연성이 높고 폭발성이 강한 흰 가루가 생긴다는 사실도 발견되었다. 그러나 이 화합물을 상업적으로 생산하기 시작한 것은 1845년, 스위스 바젤의 프리드리히 쉰바인의 발견 이후의 일이다. 쉰바인은 질산과 황산 혼합물로 부엌에서 실험을 하고 있었다(쉰바인의 아내가 부엌에서 실험하는 것을 달가워하지 않았음은 짐작하고도 남으리라.). 역사가 이루어진 그날, 마침 그녀는 외출하고 없었다. 쉰바인은 실수로 질산과 황산 혼합물을 엎지르고 이를 빨리 치워야 한다는 급한 마음에 손에 잡히는 대로 아무거나 집었다. 그것은 그녀의 앞치마였다. 쉰바인은 엎질러진 용액을 닦은 뒤 앞치마를 말리기 위해 난로 위에 널었다.

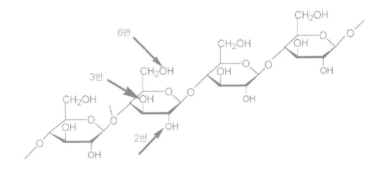

셀룰로오스 분자의 구조식(일부). 포도당 단위의 2번, 3번, 6번 탄소에 붙어 있는 OH기(화살표로 표시)에서 나이트로화가 일어날 수 있다.

곧이어 엄청난 소리가 나고 섬광이 번쩍하면서 앞치마가 폭발했다. 외출했던 그녀가 집에 돌아와 보니 폭발로 날아간 부엌에서 남편은 면과 질산 혼합물로 실험을 계속하고 있는 것이었다. 그녀의 반응이 어떠했는지는 전해지지 않고 있다. 기록으로 남아 있는 것은 쉰바인이 자신이 발견한 물질을 면 화약(guncotton, *schiessbaumwolle*)이라 불렀다는 사실이다. 면은 90퍼센트가 셀룰로오스이며 쉰바인의 면 화약은 오늘날 나이트로셀룰로오스(nitrocellulose)로 알려져 있는 물질이다. 나이트로셀룰로오스는 셀룰로오스에 있는 OH기의 H가 나이트로기(NO_2)로 치환된 화합물이다. 셀룰로오스의 모든 H가 나이트로기로 치환될(나이트로화할) 필요는 없다. 하지만 나이트로화(nitration)가 되면 될수록 면 화약의 폭발력은 더욱 커지게 된다.

나이트로화를 보여 주고 있는 나이트로셀룰로오스(면 화약)의 구조식(부분). 포도당 단위의 OH기의 H가 NO_2로 치환되어 있다.

자신의 발견이 수익성이 있다고 생각한 쉰바인은 나이트로셀룰로오스가 화약을 대체하리라 기대하면서 나이트로셀룰로오스 제조 공장을 세웠다. 하지만 나이트로셀룰로오스는 건조한 곳에 보관하거나 적절한 주의 없이 취급하면 매우 위험한 화합물이었다. 그 당시는 물질에 묻어 있는 잔여 질산이 불안정하다는 사실을 몰랐기 때문에 나이트로셀룰로오스를 제조하던 수많은 공장들이 격렬한 폭발 사고로 문을 닫았고 쉰바인도 예외가 아니었다. 1860년대, 면 화약에 남아 있는 여분의 질산을 제거하는 방법이 발견되어 면 화약(나이트로셀룰로오스)을 상업적으로 안전하게 사용할 수 있게 되었다.

이후 나이트로화 공정을 제어할 수 있게 되면서 새로운 나이트로셀룰로오스가 개발되었다. 새로운 나이트로셀룰로오스로는 질산이 많이 들어간 면 화약, 질산이 적게 들어간 콜로디온(collodion)과 셀룰로이드(celluloid)가 있었다. 콜로디온은 나이트로셀룰로오스를 알코올 및 물과 혼합한 것으로 초기의 사진 필름으로 광범위하게 사용되었다. 셀룰로이드는 나이트로셀룰로오스와 장뇌(樟腦, camphor)를 혼합한 것이다. 셀룰로이드는 최초로 성공한 플라스틱 가운데 하나였으며 영화 필름으로 사용되었다. 기타 셀룰로오스 유도체로 셀룰로오스 아세테이트(cellulose acetate)가 있다. 셀룰로오스 아세테이트는 나이트로셀룰로오스보다 가연성이 낮다는 것이 알려지면서 나이트로셀룰로오스의 용도를 빠르게 대체해 나갔다. 오늘날 거대 산업이 된 사진 산업과 영화 산업은 다재다능한 셀룰로오스 분자의 화학 구조 덕분에 탄생할 수 있었다.

셀룰로오스는 거의 대부분의 용매에는 녹지 않고 유기용매인 이황화탄소(二黃化炭素, carbon disulfide)로 만든 알칼리 용액에만 녹는다. 이황화탄소에 녹은 셀룰로오스는 셀룰로오스 크산테이트(cellulose xanthate)라는 셀룰로오스 유도체를 형성한다. 셀룰로오스 크산테이트는 점성이 있는 콜로이드 분산 형태라서 비스코스(viscose)라는 상품명이 붙었다. 비스코스를 작은 구멍으로 통과시킬 때 나오는 섬유사(filament)를 산으로 처리하면 가느다란 실이 된다(셀룰로오스가 실로 재생된 것이다.). 이 실로 짠 직물이 우리가 잘 알고 있는 레이온(rayon)

이다. 비슷한 공정을 써서 비스코스를 좁은 틈으로 압출 성형시키면 셀로판(cellophane)이 만들어진다. 일반적으로 레이온과 셀로판을 합성 직물로 분류하지만 100퍼센트 인공적인 것은 아니다. 레이온과 셀로판은 자연계에 존재하는 셀룰로오스가 형태만 달라진 것이다.

α-포도당 중합체(녹말)와 β-포도당 중합체(셀룰로오스)는 우리 식단의 필수 구성 성분이고 과거에도 그랬듯이 앞으로도 우리 사회에서 필요불가결한 역할을 수행할 것이다. 하지만 역사에 이정표를 세운 것은 식용 이외의 용도로 사용된 셀룰로오스와 셀룰로오스 유도체들이었다. 19세기의 가장 중요한 사건 두 가지, 즉 산업 혁명과 미국 남북 전쟁은 셀룰로오스(면화) 때문에 일어났다. 면화는 산업 혁명의 꽃이었고 농촌 공동화, 도시화, 빠른 산업화, 혁신과 발명, 사회 변화, 번영을 가져오면서 영국의 모습을 크게 바꿔 놓았다. 면화 때문에 미국은 건국 이래 최대 위기를 맞이했다. 미국 남북 전쟁의 가장 큰 화두는 노예 제도였는데 북부는 노예 제도 폐지를 주장했고 남부의 경제 체제는 노예의 노동력으로 재배한 면화를 기반으로 했기 때문이다.

나이트로셀룰로오스(면 화약)는 사람이 만든 최초의 유기 폭발물이었고 나이트로셀룰로오스의 발견은 나이트로화한 셀룰로오스에 기반한 수많은 현대 산업들(폭약, 사진, 영화)의 출현을 알렸다. 레이온(셀룰로오스의 다른 형태)으로 시작된 합성 섬유 산업은 지난 20세기 세계 경제 형성에 지대한 역할을 담당했다. 이와 같은 셀룰로오스 응용 물질들이 없었다면 오늘날의 세상은 지금과 사뭇 다른 모습이 되었을 것이다.

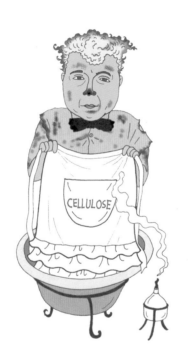

세상을 뒤흔든 나이트로 화합물

쇤바인 부인의 폭발하는 앞치마 이전에도 폭발물은 있었고 이후에도 새로운 폭발물들이 계속해서 만들어졌다. 화학 반응이 매우 빠르게 일어나면 가공할 힘이 발생한다. 셀룰로오스는 폭발 반응에서 나오는 힘을 이용하기 위해 우리가 변형시킨 수많은 분자들 가운데 하나일 뿐이다. 이 분자들 중에는 인류에게 엄청난 혜택을 가져 온 분자들도 있으며, 광범위한 파괴를 가져 온 분자들도 있다. 이 분자들은 그들의 폭발성으로 인해 세계사에 큰 족적을 남겼다.

폭발물의 분자 구조는 매우 다양하지만 이들 대부분은 나이트로기(NO_2)를 공통으로 갖고 있다. 질소 1개와 산소 2개로 이루어진 이 작은 원자의 조합(나이트로기)을 다른 분자 구조의 적당한 자리에 붙이기만 하면 전쟁 수행 능력이 극대화되었고 국가의 운명이 바뀌었으며 문자 그대로 산을 옮길 수도 있었다.

성직자의 오줌과 고성능 화약

화약(흑색 화약)은 최초의 폭발성 혼합물이다. 화약은 고대 중국, 아라비아, 인도 등지에서 사용되었다. 고대 중국 문헌을 보면 초석을 사용해 봉화를 피웠다는 기록과 "황과 웅황(雄黃, 황과 비소의 화합물), 초석이 들어 있는 용기를 가열했더니 불꽃이 발생했다."라는 기록이 나온다. 화약의 구성 성분에 대한 구체적인 기록은 서기 1000년경이 되어서야 비로소 나타나기 시작했다. 그러나 그때도 화학 구성 성분(질산염, 황, 탄소)의 실제 비율은 기록되지 않았다. 화약에 들어간 이 질산염은 과거 초석(硝石, saltpeter) 또는 중국의 눈(雪)으로 불렸는데, 화학식이 KNO_3인 질산칼륨(potassium nitrate)이다. 초기 화약은 탄소는 숯에서 얻었기 때문에 검은색을 띠었다.

원래 화약은 폭죽과 불꽃놀이를 위한 것이었다. 11세기 중반부터는 불화살 같은 무기를 발사할 때 화약을 사용했다. 1607년, 중국은 황과 초석의 생산을 정부의 통제 아래 두었다. 화약이 유럽에 전파된 시기는 확실하지 않다. 영국에서 태어나 옥스퍼드 대학교와 파리 대학교에서 공부한 프란체스코 수도회의 로저 베이컨은 1260년경 화약에 대한 기록을 남겼다. 1260년경이라면 중국에 갔던 마르코 폴로가 베네치아로 돌아와 화약에 대한 이야기를 하기 훨씬 이전이다. 베이컨은 의사이자 실험가였고 천문학, 화학, 물리학에 대한 식견이 풍부했다. 아랍 어를 유창하게 구사했던 베이컨은 동서양의 매개자 역할을 했던 유목 민족, 즉 사라센 인에게 화약을 배운 것으로 보인다. 베이컨은 화약의 구성 비율(초석 17분의 7, 숯 17분의 5, 황 17분의 5)을 애너그

램(anagram, 철자를 바꿔 다른 단어를 만드는 것) 형태로 암호화했는데 아마 베이컨은 화약의 파괴력을 알고 있었던 것 같다. 베이컨이 남긴 수수께끼는 아무도 풀지 못하다가 650년이 지나서야 마침내 영국의 한 육군 대령이 해독해 냈다. 물론 육군 대령이 암호를 해독했을 무렵에는 이미 화약이 사용된 지 수세기가 지난 뒤였다. 오늘날의 화약 조성은 그때와는 다소 상이해서 베이컨의 공식보다 초석의 비율이 더 높다. 화약이 폭발할 때 일어나는 화학 반응은 다음과 같다.

$$4KNO_{3(s)} + 7C_{(s)} + S_{(s)} \rightarrow 3CO_{2(g)} + 3CO_{(g)} + 2N_{2(g)} + K_2CO_{3(s)} + K_2S_{(s)}$$
질산칼륨   탄소   황   이산화탄소   일산화탄소   질소   탄산칼륨   황화칼륨

이 화학 반응식은 반응하는 물질 간의 비율과 생성물 간의 비율을 나타낸다. 첨자 (s)는 물질의 상태가 고체임을 의미하고 (g)는 기체임을 의미한다. 이 반응식에서 반응물은 모두 고체이고 생성물 중에는 8개의 기체 분자(3개의 이산화탄소, 3개의 일산화탄소, 2개의 질소)가 있다. 화약이 순식간에 타들어 가면서 만들어 내는 고온의 팽창 기체는 포탄이나 총알이 날아갈 수 있는 추진력을 제공한다. 화학 반응식 오른쪽에 있는 생성물 중 고체(탄산칼슘과 황화칼륨)는 작은 입자가 되어 공기 중으로 흩어진다. 화약이 폭발할 때 나오는 자욱한 연기가 바로 이것이다.

1300~1325년경에 만들어진 것으로 추정되는 최초의 소화기인 화승총은 쇠로 만든 관에 화약을 장전하고 뜨거운 철사를 관에 집어넣어 화약을 점화시켰다. 머스켓 총, 부싯돌식 발화총, 바퀴식 방아쇠총 같은 더 정교한 소화기가 개발되면서 화약의 연소 속도를 달리할

필요성이 대두되었다. 권총은 빨리 타는 화약이 필요했고 라이플 총은 천천히 타는 화약이, 대포와 로켓은 훨씬 더 천천히 타는 화약이 필요했다. 알코올과 물과 화약 가루를 섞어 덩어리를 만들고 분쇄하고 체로 거르면 고운 입자, 중간 입자, 거친 입자의 화약이 만들어진다. 화약 입자가 고울수록 연소가 더 빨리 되기 때문에 화약 입자의 크기를 조절함으로써 다양한 화기에 맞는 화약 제조가 가능했다. 화약 제조에 필요한 물은 종종 화약 공장 근로자들의 오줌으로 대신했다. 그 당시 사람들은 포도주를 많이 마시는 사람의 오줌을 넣으면 매우 성능 좋은 화약이 만들어진다고 믿었다. 성직자의 오줌을 넣어도 좋은 성능의 화약이 만들어진다고 믿었다(주교의 오줌이면 더 좋았다고 한다.).

폭발력의 비밀

화약이 폭발한 뒤에 추진력이 생기는 것은 화학 반응에서 생성된 기체가 화학 반응에서 생기는 열로 인해 빠르게 팽창하기 때문이다. 무게가 같을 경우 기체의 부피는 고체나 액체보다 훨씬 더 크다. 폭발의 파괴력은 기체의 부피가 급격하게 팽창하는 데서 오는 충격파(shock wave) 때문이다. 화약 충격파는 초속 약 100미터의 속도로 퍼져 나가며 TNT, 나이트로글리세린(nitroglycerin)과 같은 고성능 폭약의 경우 충격파는 최고 초속 6000미터의 속도로 퍼져나간다.

모든 폭발 반응은 엄청난 양의 열을 발산한다. 즉 모든 폭발 반응은 발열 반응이다. 엄청난 열로 인해 기체의 부피는 극적으로 증가한다.

온도가 높을수록 기체의 부피는 더욱 커진다. 폭발 반응에서 나오는 열은 폭발 반응식 좌변에 있는 분자들의 에너지 합과 우변에 있는 분자들의 에너지 합의 차(差)에서 나온다. 폭발 반응식 오른쪽에 있는 생성 분자들의 화학 결합 에너지는 반응식 왼쪽에 있는 반응 분자들의 화학 결합 에너지보다 더 낮다. 즉 생성 분자들이 반응 분자들보다 더 안정적이다. 나이트로 화합물의 폭발 반응에서는 매우 안정적인 질소 분자 N_2가 생성된다. N_2 분자의 안정성은 2개의 질소 원자를 결합시키는 삼중 결합의 힘에서 나온다.

$$N\equiv N$$

N_2 분자의 구조식

질소의 삼중 결합이 매우 강하다는 것은 삼중 결합을 끊기 위해서 많은 에너지가 필요하다는 것을 의미한다. 역으로 N_2가 삼중 결합을 형성할 때 많은 에너지가 방출되는데 이 에너지는 폭발 반응식 좌우변의 에너지 차와 정확히 일치한다.

폭발 반응은 열과 기체 외에 또 하나의 중요한 특성이 있다. 반응이 매우 빠르게 일어나야 한다는 것이다. 만약 폭발 반응이 천천히 일어난다면 열과 기체가 주위로 흩어져 버려 폭발의 특징인 격렬한 압력 상승이나 파괴적인 충격파나 높은 고온 현상이 나타나지 않을 것이다. 폭발 반응에 필요한 산소는 반응하는 분자에서 얻어야 한다. 대기 중의 산소는 폭발이 일어나는 짧은 시간에 가져다 쓸 수 없기 때문이다. 따라서 산소와 질소가 결합되어 있는 나이트로 화합물은 대개 폭발성이 강하다. 반면 질소와 산소를 함유한 화합물이라 할지라도 질소와 산소가 결합되어 있지 않으면 폭발성은 없다.

이런 경우의 예로 이성질체를 들 수 있다. 이성질체는 같은 화학식을 갖고 있지만 다른 구조를 갖고 있는 물질이다. 파라-나이트로톨루엔(para-nitrotoluene)과 파라-아미노벤조산(aminobenzoic acid)은 7개의 탄소 원자, 7개의 수소 원자, 1개의 질소 원자, 2개의 산소 원자를 갖고 있고 화학식이 $C_7H_7NO_2$로 동일하다. 하지만 두 물질의 원자 배열은 서로 다르다(즉 두 물질은 서로 이성질체이다.).

p-나이트로톨루엔   p-아미노벤조산

파라(para)- 혹은 p-나이트로톨루엔(para라는 말은 기와 기가 반대편에서 서로 마주보고 있다는 의미이다.)은 p-아미노벤조산과 달리 폭발성이 있다. 사실 여름이면 여러분은 p-아미노벤조산을 피부에 발라 봤을 것이다. p-아미노벤조산은 수많은 자외선 차단제의 활성 성분으로 널리 사용되고 있는 PABA이다. PABA 같은 화합물은 자외선, 즉 피부 세포에 가장 치명적인 것으로 판명된 파장의 빛을 흡수한다. PABA의 자외선 파장 흡수 능력은 PABA의 분자 구조 내에서 이중 결합과 단일 결합이 교대로 반복되는 횟수에 비례한다(교대로 일어나는 이중 결합과 단일 결합에는 산소 원자나 질소 원자가 포함되어 있을 수도 있다.). PABA 외에도 원하는 파장의 빛을 흡수해 줄 수 있는 화합물이라면 자외선 차단제로 사용될 수 있다. 단, 물에 쉽게 씻기지 않고, 독성도 없고, 알레르기도 일으키지 않고, 불쾌한 향이나 맛도 나지 않고, 햇빛 아래에서 쉽게 분해되지 않는다는 전제 하에서 말이다.

　나이트로화한 분자의 폭발성은 이 분자와 결합한 나이트로기의 개수에 달려 있다. 나이트로톨루엔(nitrotoluene)은 1개의 나이트로기를 갖고 있다. 나이트로화가 더 진행되어 2개의 나이트로기가 결합하면 다이나이트로톨루엔(dinitrotoluene)이 되고 3개의 나이트로기가 결합하면 트라이나이트로톨루엔(trinitrotoluene, TNT)이 된다. 나이트로톨루엔과 다이나이트로톨루엔도 폭발성이 있지만 이 둘의 폭발력을 합쳐도 트라이나이트로톨루엔 분자의 엄청난 폭발력에는 미치지 못한다.

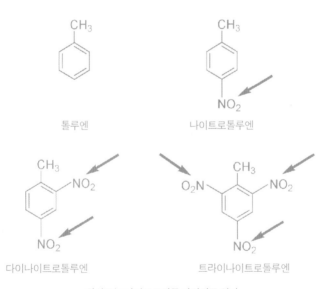

톨루엔　　　　　　　　　　나이트로톨루엔

다이나이트로톨루엔　　　　　　　트라이나이트로톨루엔

화살표는 나이트로기를 가리키고 있다.

19세기, 질산이 유기 화합물에 미치는 효과가 연구되면서 새로운 폭발물들이 개발되었다. 프리드리히 쇤바인이 실험을 하다가 폭발로 아내의 앞치마를 날려 버린 지 채 몇 년이 지나지 않아, 토리노의 이탈리아 화학자 아스카니오 소브레로는 폭발성이 높은 또 하나의 질소 분자를 만들어 냈다. 소브레로는 질산이 여러 유기 화합물에 미치는 효과를 연구하고 있었다. 소브레로가 황산과 질산의 혼합물(냉각시킨)에 글리세롤(glycerol, 우리가 글리세린이라고 부르는 물질로 동물의 지방에서 쉽게 얻을 수 있다.)을 부은 뒤 이 혼합물을 물 속에 넣자 오일층(오늘날 나이트로글리세린(nitroglycerin)으로 알려진 물질)이 분리되어 나왔다. 소브레로는 나이트로글리세린의 맛을 보고(오늘날에는 상상할 수 없는 일이지만 소브레로의 시대에는 당연한 실험 절차였다.) 이렇게 적었다. "미량 맛을 보니(삼키지는 않고) 맥박이 크게 뛰고 극심한 두통이 오고 팔다리에 힘이 쪽 빠진다."

훗날 폭약 산업에 종사하는 근로자들이 겪는 극심한 두통에 대한 연구가 이루어져 두통의 원인이 나이트로글리세린이 야기하는 혈관 팽창임이 밝혀졌다. 이 연구 결과를 바탕으로 나이트로글리세린은 협심증 환자 치료에 처방되었다.

$$CH_2-OH$$
$$CH-OH$$
$$CH_2-OH$$

글리세롤(글리세린)

$$CH_2-O-NO_2$$
$$CH-O-NO_2$$
$$CH_2-O-NO_2$$

나이트로글리세린

협심증 환자들은 심장 근육에 피를 공급하는 혈관이 수축되어 있기 때문에 나이트로글리세린 처방으로 혈관이 확장되면 피의 흐름이 원활해져 협심증의 고통이 감소하게 된다. 이렇게 되는 이유는 몸속에 들어온 나이트로글리세린이 단순 분자(simple molecule)인 산화질소(nitric oxide, NO)를 배출시키고 배출된 산화질소가 혈관을 팽창시키기 때문이다. 산화질소의 이런 특성에 대한 연구는 발기 부전 치료제인 비아그라의 개발로 이어지게 된다(비아그라도 혈관을 확장시키는 산화질소의 작용을 이용한 것이다.).

혈관 확장 외에 산화질소의 생리적 역할로는 세포 사이의 신호 전달, 장기간의 기억 보존, 소화 보조 등이 있다. 신생아의 고혈압 치료제나 심장병 환자의 치료제가 산화질소에 대한 연구들을 바탕으로 개발되었다. 1998년, 로버트 퍼치곳, 루이스 이그내로, 페리드 머래드는 신체 내의 산화질소의 작용을 밝힌 공로로 노벨 의학상을 수상했다. 그런데 역설적인 것은, 심장병으로 가슴 통증을 앓던 알프레드 노벨(훗날 노벨이 나이트로글리세린으로 벌어 들인 돈으로 노벨상이 제정된다.)이 나이트로글리세린 치료를 거절했다는 사실이다(화학의 역사에서 흔히 볼 수 있는 수많은 역설 가운데 하나이다.). 노벨은 나이트로글리세린이 두통을 일으킬 뿐, 심장병에는 효과가 없다고 생각했다.

나이트로글리세린은 매우 불안정한 분자라서 열을 가하거나 망치로 내려치면 폭발한다.

$$4C_3H_5N_3O_{9(l)} \rightarrow 6N_{2(g)} + 12CO_{2(g)} + 10H_2O_{(g)} + O_{2(g)}$$
나이트로글리세린   질소   이산화탄소   물   산소 폭발 반응은 빠르게 팽창하는 흰색의 기체와 막대한 양의 열을 생성한다. 화약은 1000분의 1초에 6000기압을 생성하지만 같은 양의 나이트로글리세린은 100만분의 1초에 27만 기압을 발생시킨다. 화약은 상대적으로 다루기 안전하지만 나이트로글리세린은 예측불허라서 충격이나 열이 가해지면 우발적으로 폭발할 수 있었다. 따라서 나이트로글리세린을 안전하게 다룰 수 있으면서 필요할 때 폭발시킬 수 있는 방법이 필요했다.

노벨 평화상의 밑천은 다이너마이트

알프레드 노벨은 1833년 스톡홀름에서 태어났다. 노벨은 나이트로글리세린을 폭발시킬 때 도화선 대신 소량의 화약을 뇌관으로 사용할 생각을 했다. 뇌관 없이 도화선만 사용하면 나이트로글리세린이 천천히 타서 원하는 폭발력을 얻을 수 없었기 때문이었다. 그것은 멋진 발상이었고 노벨의 생각은 적중했다. 노벨의 뇌관 개념은 오늘날 광업과 건설업에서 일상적으로 일어나는 수많은 발파 작업에서 여전히 사용되고 있다. 하지만 원하던 폭발력을 얻는 문제는 해결되었어도 불안정한 나이트로글리세린으로 인한 우발적인 폭발은 여전히 골칫거리였다.

노벨 가(家)는 폭약을 제조 · 판매하는 공장을 하나 갖고 있었는데 1864년, 이곳에서 터널 발파, 광산 발파와 같은 상업적 용도로 나이트로글리세린을 제조하기 시작했다. 그해 9월, 스톡홀름에 있던 실험실 하나가 폭발하면서 알프레드 노벨의 동생 에밀을 포함해 5명이 사망했다. 사고의 원인이 정확하게 밝혀지지도 않았지만 스톡홀름의 담당 공무원들은 나이트로글리세린 생산을 금지했다. 하지만 그런다고 단념할 노벨이 아니었다. 노벨은 스톡홀름 국경 너머 멜라렌 호수에 거룻배를 띄워 닻을 내리고 그 위에 새로운 실험실을 지었다. 나이트로글리세린의 폭발력이 화약보다 훨씬 강력하다는 사실이 알려지면서 나이트로글리세린 수요는 빠르게 증가했다. 1868년, 노벨은 유럽 11개국에 나이트로글리세린 제조 공장을 세웠고 미국으로 건너가 샌프란시스코에도 공장 하나를 세웠다.

나이트로글리세린은 제조 과정에서 산이 불순물로 섞이는 일이 흔하게 일어났고 비록 속도가 느리기는 했지만 분해도 일어났다. 이 분해 과정에서 여러 종류의 기체가 발생되어 나이트로글리세린을 담고 있는 아연 용기의 코르크 마개가 뻥하고 터지고는 했다. 게다가 나이트로글리세린에 섞여 있는 산이 아연을 부식시켜 용기에서 나이트로글리세린이 새어 나오기까지 했다. 용기를 외부와 차단시키고 톱밥 (나이트로글리세린이 새거나 엎질러졌을 때 흡수할 수 있도록) 같은 포장 재료를 사용해 봤지만 이런 예방 조치들은 부적절하거나 안전을 개선하는 데 아무런 도움이 되지 못했다. 무지와 잘못된 정보는 종종 끔찍한 사고로 이어졌다. 나이트로글리세린을 잘못 취급하는 일도 허다했다. 한 예로, 나이트로글리세린을 운반하는 역마차의 수레바퀴에 나이트로글리세린을 윤활유로 발랐으니 그 피해가 막심했음은 두말할 필요도 없다. 1866년, 샌프란시스코 웰스파고 사(웰스파고는 1855년 이후 10년간 미주리 주로부터 중서부를 지나 로키 산맥과 서부 끝까지 역마차 사업을 확대하였고

1866년에는 서부의 역마차 노선 전부를 웰스파고의 이름 아래 통합시켰다. 1905년 캘리포니아 주에서 은행업 부문을 시작했고 웰스파고의 현재 업종은 금융업(은행)이다. —옮긴이) 창고에서 나이트로글리세린 선적분이 폭발하는 사고가 발생해서 14명이 목숨을 잃었다. 같은 해, 대서양 연안 파나마에 정박한 1만 7000톤짜리 증기선 유러피언 호에서 하역 작업을 하던 중 나이트로글리세린이 폭발해서 선체가 날아가고 사망자 47명에 100만 달러 이상의 손실을 입었다. 역시 같은 해, 독일과 노르웨이에서도 나이트로글리세린 공장이 폭발로 폭삭 주저앉았다. 전 세계 당국자들은 걱정되었다. 믿을 수 없을 만큼 강력한 폭발력을 보여 주는 나이트로글리세린에 대한 전 세계적인 수요 증가에도 불구하고 프랑스와 벨기에는 나이트로글리세린을 금지했고 다른 나라에서도 비슷한 조치가 취해졌다.

노벨은 폭발력의 손실 없이 나이트로글리세린을 안정화하는 방법을 찾기 시작했다. 액체인 나이트로글리세린을 고체화하는 것이 가장 확실한 방법 같았다. 노벨은 톱밥, 시멘트, 숯가루와 같은 중성의 고체와 나이트로글리세린(유성의 액체)을 섞는 실험을 했다. '다이너마이트(dynamite)'라는 제품이 노벨의 주장대로 체계적인 연구의 산물인지 행운의 발견인지에 대한 논란은 끊이지 않고 있다. 그런데 노벨이 운이 좋아 다이너마이트를 발견했다고 하더라도 한 가지 분명한 사실은 노벨의 통찰력이 행운을 알아볼 만큼 예리했다는 사실이다. 노벨은 톱밥 대신 포장 재료로 잘못 들어간 다공질의 키젤거(kieselguhr, 규조토)가 엎질러진 나이트로글리세린을 흡수하고도 다공성을 유지한다는 사실을 알아챘다. 규조토는 작은 해양 생물(규조류)

의 유해로 이루어진 흙으로 입자가 고운 천연 물질이다. 용도가 다양해서 설탕 정제기의 필터, 절연체, 금속 광택제 등으로 쓰인다. 노벨은 추가적인 실험을 거쳐 액체인 나이트로글리세린과 규조토를 3대 1의 중량비로 섞으면 퍼티(putty, 접합제의 일종) 같은 점도의 플라스틱 물질이 된다는 사실을 알아냈다. 규조토는 나이트로글리세린을 묽게 했다. 즉 규조토가 나이트로글리세린 입자 사이로 들어가 나이트로글리세린 입자들이 분리되면서 나이트로글리세린 입자들의 분해 속도가 느려졌다. 드디어 나이트로글리세린의 폭발성을 통제할 수 있게되었던 것이다.

노벨은 힘을 뜻하는 그리스 어 다이나미스(*dynamis*)에서 이름을 따, 나이트로글리세린·규조토 혼합물을 다이너마이트라고 이름 지었다. 다이너마이트는 어떤 모양이나 크기든지 원하는 대로 만들 수 있었고 쉽게 분해되지도 않았으며 우발적으로 폭발하지도 않았다. 1867년, 노벨은 회사 이름을 노벨 앤드 컴퍼니로 바꾸고 노벨 안전 화약이라는 이름으로 새롭게 특허를 취득한 다이너마이트를 판매하기 시작했다. 곧이어 전 세계에 노벨 다이너마이트 공장이 들어섰고 노벨 가는 엄청난 부를 쌓았다.

폭약 제조업자 알프레드 노벨이 평화주의자였다는 사실은 모순처럼 들릴지도 모르겠다. 하지만 노벨의 전 생애는 모순으로 가득 찼다. 노벨은 어릴 때 툭하면 병을 앓아 노벨이 성인이 될 때까지 살 거라고 생각한 가족은 아무도 없었다. 하지만 노벨은 자신의 부모 형제들보다 더 오래 살았다. 노벨을 묘사하는 말도 다소 모순적이다(부끄럼이 많고 사려 깊고 일에 집착하고 의심이 매우 많고 외로워하며 관대하다는 평이었다.).

노벨 가 사람들은 화력이 엄청난 무기가 발명되면 무기가 전쟁 억지 역할을 해서 전 세계의 평화가 지속될 거라고 믿었다. 하지만 이로부터 1세기가 지난 오늘날 수많은 가공할 무기가 등장했지만 전 세계의 평화는 아직도 실현되지 못하고 있다. 1896년, 노벨은 이탈리아 산레모에 있는 자신의 집에서 홀로 집무를 보다가 사망했다. 노벨은 막대한 재산을 매년 화학, 물리학, 의학, 문학, 평화 분야의 노벨상 수여에 쓰도록 기부했다. 1968년, 스웨덴 은행은 알프레드 노벨을 기념하여 노벨 경제학상을 제정했다. 오늘날 우리가 노벨 경제학상이라고 부르는 노벨상은 원래 노벨이 재산을 기부할 때 제정된 상은 아니었다.

전쟁과 폭약

다이너마이트는 총탄의 폭약으로는 사용될 수 없었다. 총이 다이너마이트의 엄청난 폭발력을 견딜 수 없었기 때문이었다. 군사 지도자들은 화약보다 더 강력하면서도 검은 연기를 내뿜지 않고 안전하게 다룰 수 있으며 빠르게 장착할 수 있는 폭약을 원했다. 1880년대 초반부터 나이트로셀룰로오스(면 화약)의 질산 조성을 다양하게 조합하기도 하고 나이트로셀룰로오스와 나이트로글리세린을 섞기도 해서 '무연 화약(smokeless powder)' 이 만들어졌다. 무연 화약은 지금도 소화기 폭약의 근간을 형성하고 있다. 대포나 기타 중화기는 폭약을 선택할 때 소화기만큼 제약이 따르지 않았다. 제1차 세계 대전까지 폭약의 주요 구성 성분은 피크르산(picric acid)과 트라이나이트로툴루엔이었다. 1771년 처음 합성된 밝은 노란색의 고체 피크르산은 원래 비단과 양모를 인공적으로 염색하는 용도로 사용되었다. 피크르산은 페놀(phenol) 분자에 3개의 나이트로기(NO_2)가 붙어 있는 것으로 비교적 만들기 쉽다.

페놀   트라이나이트로페놀

1871년, 충분한 기폭약을 사용하면 피크르산도 폭발할 수 있다는 사실이 밝혀졌다. 1885년, 프랑스가 최초로 포탄에 피크르산을 사용했고 그 뒤를 이어 영국도 보어 전쟁(1899~1902년)에서 피크르산을 사용했다. 하지만 젖은 피크르산은 점화가 어려워 비가 오는 날이나 습도가 높은 날이면 불발이 많았다. 게다가 피크르산은 산성이기 때문에 금속과 반응해서 충격에 민감한 '피크르산염(picrates)'을 형성하고는 했다. 이 충격 민감성 때문에 접촉만으로도 포탄이 폭발했고 두꺼운 장갑판(armor plate)을 뚫는 일은 엄두도 못 냈다(장갑판을 뚫고 들어간 다음에 폭발해야 살상 효과가 있다.).

　피크르산과 화학적으로 비슷한 트라이나이트로톨루엔은 폭약으로 더 안성맞춤이었다. 트라이나이트로톨루엔은 트라이(tri), 나이트로(nitro), 톨루엔(toluene)의 첫 자만을 따서 TNT라고도 한다. 트라이나이트로톨루엔은 산성도 아니고 습도에 영향 받지도 않으며 녹는점

| 톨루엔 | 트라이나이트로톨루엔(TNT) | 피크르산 |

이 비교적 낮기 때문에 쉽게 녹여 폭탄(bomb)이나 포탄(shell)에 부을 수 있었다. 트라이나이트로톨루엔은 피크르산보다 점화시키기가 더 어려워 그만큼 더 큰 충격을 견딜 수 있었고 따라서 월등한 장갑판 관통 능력을 가졌다. TNT는 나이트로글리세린보다 산소 대 탄소비가 더 낮아서 TNT의 탄소는 이산화탄소로 완전히 변환되지 못하고 TNT의 수소는 물로 변환되지 못한다. 반응은 다음과 같다.

$$2C_7H_5N_3O_{6(s)} \rightarrow 6CO_{2(g)} + 5H_{2(g)} + 3N_{2(g)} + 8C_{(s)}$$

TNT 　　　　이산화탄소　수소　　질소　　탄소

이 반응(TNT의 폭발)에서 생성된 탄소 때문에 나이트로글리세린이나 면 화약은 비교가 되지 않을 정도로 엄청난 양의 연기가 발생한다.

　　제1차 세계 대전 초기, 독일은 TNT 기반의 폭약을 사용했고 프랑스와 영국은 여전히 피크르산을 사용했다. 독일이 프랑스나 영국보다 우위에 있음은 자명한 일이었다. 발등에 불이 떨어진 영국은 폭약 개발 계획(crash program)을 수립하고 미국의 도움으로 많은 양의 TNT를 배로 들여와 독일과 비슷한 성능의 TNT 기반의 포탄과 폭탄을 발

빠르게 개발했다.

또 하나의 분자, 암모니아(NH_3)도 제1차 세계 대전 중 더욱 중요해진 물질이다. 암모니아는 나이트로 화합물은 아니지만 폭약에 필요한 질산(HNO_3)을 만드는 시작 물질이다. 질산은 오래전부터 알려져 왔던 것 같다. 800년경에 살았던 이슬람의 위대한 연금술사 자비르 이븐 하이얀은 질산에 대해 알고 있었던 것으로 보이는데 아마도 초석(질산칼륨)에 황산철(II)(ferrous sulfate, 녹색의 결정 형태를 띠고 있다고 해서 녹반(綠礬, green vitriol)이라 불렸다.)을 넣고 가열해서 질산을 제조했을 것이다. 이 반응으로 생긴 이산화질소(NO_2) 기체는 물에 녹아 묽은 질산 용액이 된다.

질산염은 물에 매우 잘 녹고 쉽게 분해되기 때문에 자연계에서는 잘 볼 수 없다. 하지만 200년 전부터 칠레 북부 사막에서 질산염 가운데 하나인 질산나트륨(nitrate sodium)이 채굴되어 왔다. 질산나트륨은 칠레에 있기 때문에 칠레 초석(Chile saltpeter)이라는 이름이 붙었다. 질산나트륨으로 질산을 만드는 방법은 다음과 같다. 질산나트륨을 황산과 함께 가열한다. 이 반응에서 생성된 질산은 황산보다 끓는점이 낮기 때문에 기화되어 분리된다. 기화된 질산을 차가운 용기에 응축시켜 모은다.

$$NaNO_{3(s)} + H_2SO_{4(l)} \rightarrow NaHSO_{4(g)} + HNO_{3(g)}$$

질산나트륨 　　　 황산 　　　 황산수소나트륨 　　　 질산

제1차 세계 대전 기간 중 영국은 독일로 가는 칠레 초석 공급선을 봉쇄했다. 질산염은 폭약 제조에 필요한 전략적인 화학 물질이었고 독

일은 폭약 제조를 위해 다른 자원을 찾아야만 했다.

질산염은 풍부하지 않을지 몰라도 질산염을 구성하는 질소와 산소는 전 세계에 풍부하게 존재한다. 지구 대기는 약 20퍼센트의 산소 기체와 약 80퍼센트의 질소 기체로 구성되어 있다. 산소 분자(O_2)는 화학적으로 활성이기 때문에 다른 원소들과 쉽게 결합한다. 반면 질소 분자(N_2)는 비교적 비활성이다. 20세기 초, 질소를 '고정'하는 방법이 발견되었지만 세련된 기술로 발전되지는 못했다. 질소 고정이란 공기를 다른 원소와 화학적으로 결합시켜 공기에서 질소를 분리해 내는 것을 말한다.

독일 화학자 프리츠 하버는 수소 기체와 공기 중의 질소를 결합시켜 암모니아를 생성하는 공정을 한동안 연구한 적이 있었다.

$$N_{2(g)} + 3H_{2(g)} \longrightarrow 2NH_{3(g)}$$
$$\text{질소} \qquad \text{수소} \qquad \text{암모니아}$$

훗날 하버는 다시 암모니아 생성 연구에 착수해서 최소의 비용으로 최대의 암모니아를 얻을 수 있는 반응 조건을 밝혀냄으로써 대기 중의 비활성 질소 사용 문제를 해결했다. 반응 조건이란 약 400~500도의 고온과 고압으로 반응을 진행시키면서 암모니아가 생성되는 즉시 암모니아를 제거해 주는 것을 말한다. 하버가 연구한 작업의 대부분은 매우 느린 반응 속도를 증가시켜 주는 촉매를 찾는 과정이었다. 하버의 실험 목적은 비료 산업에 쓰일 암모니아를 생산하는 것이었다. 당시 전 세계 비료의 3분의 2는 칠레에 매장된 칠레 초석으로 생산되고 있었다. 칠레 초석이 고갈되면서 암모니아를 인공적으로 합성해 낼 방법이 필요하게 되었다. 1913년 세계 최초의 암모니아 합성 공장이 독일에 세워졌다. 제1차 세계 대전 중 칠레에서 독일로 가는 칠레 초석 공급선을 영국이 봉쇄하자 하버 공정(Haber process)은 독일 내의 다른 공장으로 급속히 퍼져나갔다. 암모니아는 비료뿐만 아니라 탄약과 폭약 제조에도 쓰였다. 암모니아는 산소와 반응해 질산의 전 단계 물질인 이산화질소를 형성한다. 독일은 비료 제조를 위한 암모니아와 나이트로 화합물 제조를 위한 질산을 보유하게 되었고 영국의 칠레 초석 공급선 봉쇄에도 불구하고 독일은 아무런 영향을 받지 않았다. 질소 고정(nitrogen fixation) 기술이 전쟁 수행에 있어 가장 중요한 요소가 되었던 것이다.

1918년, 프리츠 하버는 암모니아 합성에 대한 공로로 노벨 화학상을 수상했다. 암모니아가 합성되면서 비료 생산량이 증가했고 비료 생산량이 증가하면서 세계 인구를 먹여 살릴 수 있는 농업 능력이 향상되었기 때문이었다. 하버의 노벨상 수상 소식이 알려지자 반대 여론이 거세게 일어났다. 제1차 세계 대전에서 독일의 독가스전 프로그램을 주도한 프리츠 하버의 경력 때문이었다. 1915년 4월, 실험실 실린더에서 누출된 염소 가스가 벨기에 이프르 5킬로미터 앞까지 퍼졌다. 이 사고로 5000명이 숨지고 1만 명이 치명적인 폐 손상을 입었다. 하버가 이끈 가스전 프로그램에서는 겨자 가스(mustard gas, 거의 냄새가 나지 않는 독가스로 이 가스에 노출되면 몇 시간 후 온몸과 내장 안에 수포가 생겨 고통을 준다. 수포 작용제라고 한다. ─옮긴이)와 포스겐(phosgene, 지독한 독가스로 심한 재채기를 유발, 질식사를 유발한다. ─옮긴이)을 비롯한 수많은 물질이 실험되고 사용되었다. 궁극적으로 가스전은 전쟁 발발의 결정적 요소가 아니었다. 하지만 동료 과학자들은 하버가 전쟁 전에 이룩한 위대한 혁신(세계 농업에 대한 공헌)이 독가스에 숨겨간 수천 명의 목숨을 보상해 주지는 못한다고 생각했다. 많은 과학자들은 하버의 노벨상 수상을 비웃었다.

재래식 전쟁과 가스전은 별 차이가 없다고 생각한 하버는 들끓는 여론에 매우 당황했다. 1933년, 저명한 카이저 빌헬름 물리 화학 및 전기 화학 연구소에서 소장으로 근무하고 있던 하버는 나치로부터 모든 유태인을 해고하라는 지시를 받았다. 하버는 당시로서는 내기 어려운 용기를 발휘하여 다음과 같은 사직서를 제출하면서 독일 정부의 지시를 거절했다. "제가 40년 이상 동안 제 동료들을 선택한 기준은 지성과 성품이었지 그들의 어머니가 아니었습니다. 지금까지 옳다고 생각한 이 방법을 앞으로도 바꾸고 싶지 않습니다."

오늘날에도 암모니아는 여전히 하버 공정으로 생산되고 있다. 암모니아의 연간 세계 생산량은 약 1억 4000만 톤에 이르는데 대부분은 질산암모늄(ammonium nitrate, NH_4NO_3, 아마도 세상에서 제일 중요한 비료일 것이다.) 생산에 쓰이고 있다. 광산의 발파 작업에 쓰이는 질산암모늄은 질산암모늄 95퍼센트와 연료유 5퍼센트를 혼합한 것이다. 질산암모늄의 폭발 반응에서는 산소 기체와 질소 기체, 수증기가 나온다. 이 산소 기체가 혼합물의 연료유를 산화시켜 폭발 에너지를 더욱더 증가시킨다.

$$2NH_4NO_{3(g)} \rightarrow 2N_{2(g)} + O_{2(g)} + 4H_2O_{(g)}$$
질산암모늄   질소   산소   물

질산암모늄은 적절하게 취급되면 매우 안전한 폭발물이다. 하지만 부적절한 안전 조치나 테러리스트로 인한 폭발로 수많은 사고가 있었다. 1947년 텍사스 주 텍사스 항에서 질산암모늄 비료(당시 종이 포장지에 들어 있었다.)를 싣고 있던 배의 화물칸에서 화재가 발생했다. 불을 끄려는 의도에서 선원들이 출입문을 닫았고 불행하게도 이것이 질산암모늄을 점화하는 데 필요한 조건(열과 압력)을 제공하는 빌미가 되었다. 이 폭발로 500명 이상의 인명 피해가 발생했다. 질산암모늄으로 인한 테러 재난에는 1993년의 뉴욕 세계 무역 센터 사고와 1995년의 오클라호마 앨프리드 P. 머라 연방 빌딩 사고 등이 있다.

최근에 개발된 폭발물 가운데 테러리스트들이 광적으로 좋아하는 것이 펜타에리트리톨 테트라나이트레이트(pentaerythritol tetranitrate, PETN)인데 이것은 원하는 용도에 맞게 형태를 만들 수 있다는 특성 때문이다(나이트로글리세린과 동일한 특성이다.). PETN을 고무와 섞으면 어떤 형태로든 찍어 낼 수 있는 소위 플라스틱 폭탄이 된다. PETN의 화학명은 복잡하지만 분자 구조는 간단하다. PETN은 나이트로글리세린과 화학적으로 비슷해서 5개의 탄소와 4개의 나이트로기를 갖고 있다(나이트로글리세린은 3개의 탄소와 3개의 나이트로기를 갖고 있다.).

$$
\begin{array}{ll}
CH_2-O-NO_2 & \\
| & \\
H-C-O-NO_2 & \\
| & \\
CH_2-O-NO_2 &
\end{array}
\qquad
\begin{array}{ccc}
& CH_2-O-NO_2 & \\
& | & \\
O_2N-O-CH_2-C-CH_2-O-NO_2 \\
& | & \\
& CH_2-O-NO_2 &
\end{array}
$$

나이트로글리세린페놀(왼쪽)과 펜타에리트리톨 테트라니트레이트(오른쪽). 나이트로기는 굵은 글씨로 표시되어 있다.

PETN은 쉽게 점화되고 충격에 민감하며 폭발력이 매우 강력하면서도 탐지견이 찾기 힘들 만큼 냄새가 거의 없어 테러리스트들이 항공기 폭파용으로 선호하는 것 같다. PETN은 1988년, 스코틀랜드 로커비 상공에서 팬암103 항공기를 폭발시킨 폭탄으로 사용되면서 일반인들에게 알려졌다. PETN이 더 유명해진 계기는 2001년의 '신발 폭탄범(Shoebomber)' 사건이었다. 이 사건은 파리 발 아메리칸에어라인에 탑승한 어떤 승객이 운동화 밑창에 숨긴 PETN을 폭발시키려 했던 사건이었다. 다행히도 승무원과 승객들이 신속하게 대응해서 재난을 면할 수 있었다.

나이트로 화합물이 전쟁과 테러에만 사용된 것은 아니었다. 1600년대 초기, 북부 유럽의 광산에서 초석, 황, 숯을 혼합해 그 폭발력을 이용했다는 증거가 있다. 프랑스 미디 운하(대서양과 지중해를 연결한 최초의 운하)의 말파 터널(1679년)은 화약의 힘을 빌려 건설된 최초의 운하 터널이다. 이후 수많은 주요 운하 터널들이 화약의 힘을 빌려 건설되었다. 프랑스 알프스 산맥을 관통하는 몽스니, 즉 프레주스 철도 터널(건설 기간 1857~1871년)은 그 당시 폭약을 가장 많이 사용한 건설 공사였고 이 공사로 프랑스와 이탈리아의 왕래가 자유롭게 되어 유럽의 여행 지도가 바뀌게 되었다. 나이트로글리세린이 처음 사용된 곳은 매사추세츠 노스아담스의 후삭 철도 터널(1855~1866년) 건설 공사였다. 이후 다이너마이트(나이트로글리세린)의 도움으로 이룩한 주요 토목 공사로는 1885년 완공된 캐나다퍼시픽 철도 공사(캐나다 로키 산맥을 관통), 1914년 문을 연 80킬로미터 길이의 파나마 운하 공사, 1958년 이루어진 리플록(북아메리카 서해안의 암초) 제거 공사 등이 있다. 리플록 제거 공사는 핵을 쓰지 않은 가장 큰 폭발 공사였다.

기원전 218년, 카르타고 장군 한니발은 엄청난 규모의 군대와 40마리의 코끼리를 이끌고 로마 제국의 심장부를 공격하기 위해 알프스 산맥을 넘었다. 한니발이 이용한 진군 방법은 그 당시로서는 보편적인 방법이었지만 시간이 아주 많이 걸리는 방법이었다(바위가 가로막고 있으면 큰 횃불로 바위를 달군 다음 찬물을 끼얹어 바위를 분쇄하고 앞으로 나아갔다.). 한니발에게 폭약이 있어서 알프스 산맥을 빠르게 넘을 수 있었다면 로마를 정복했을지 모르는 일이고 로마가 정복되었다면 서부 지중해의 운명은 매우 달라졌을 것이다.

바스코 다 가마가 캘리컷을 정복했을 때, 에르난 코르테스가 소수의 스페인 군대를 이끌고 아스텍 제국을 정복했을 때, 영국 육군 경기병대가 1854년 발라클라바 전투에서 러시아의 야전 포병대를 공격했을 때 폭약은 화살, 창, 칼보다 우위에 있었다. 지금의 세계를 형성한 제국주의와 식민주의도 무기의 힘에 의존했다. 전쟁 시기든 평화로운 시기든, 파괴든 건설이든, 좋든 싫든 폭발물 분자는 인류의 문명을 바꿔 놓았다.

부드러움의 유혹, 비단과 나일론

비단 하면 호화로움, 부드러움, 유연함, 광택 같은 이미지가 떠오른다. 나이트로 화합물과 비단은 전혀 동떨어진 것처럼 보일지도 모르겠다. 하지만 이 둘은 새로운 물질, 새로운 직물, 새로운 20세기 산업의 탄생으로 귀결되었다는 점에서 화학적으로 연관되어 있다. 비단을 써 본 사람들은 비단을 최고의 직물로 꼽는다. 오늘날 새로운 천연 섬유와 인조 섬유가 많이 나왔음에도 불구하고 아직까지 비단을 대체할 수 있는 것은 없는 것으로 여겨지고 있다. 비단은 피부에 닿는 촉감 때문에, 겨울에는 따뜻하고 여름에는 시원한 특성 때문에, 아름다운 광택 때문에, 염색이 매우 아름답게 되는 성질 때문에 그토록 오랫동안 사람들의 사랑을 받아왔다. 이런 비단의 특성은 비단의 분자 구조 때문이다. 동서양의 교역 통로, 즉 비단길이 열린 것도 결국은 비단의 분자 구조 때문이었다.

최초의 산업 스파이는 비단길을 타고

비단의 역사는 4500년 이전으로 거슬러 올라간다. 전설에 따르면 기원전 2640년경, 고대 중국의 지배자 황제(黃帝)의 황후 서릉씨(西陵氏)가 누에에서 섬세한 비단실을 뽑아 낼 수 있음을 알아냈다고 한다 (이후 동양 문화권에서는 서릉씨를 양잠의 신으로 섬겼다. ─ 옮긴이). 이 이야기가 신화인지 실화인지는 몰라도 누에를 쳐서 비단을 생산하는 일이 중국에서 시작되었다는 것은 맞는 말이다. 누에(*Bombyx mori*)는 뽕나무(*Morus alba*)의 잎만 먹고사는 회색의 작은 벌레이다.

누에나방은 중국에 흔하다. 누에나방은 5일간에 걸쳐 약 500개의 알을 낳고 죽는다. 작은 누에 알 1그램에서 1000마리 이상의 누에가 태어난다. 이들은 약 36킬로그램의 뽕잎을 먹고 약 200그램의 생사를 만들어 낸다. 누에나방이 낳은 알은 일단 섭씨 18도에서 보관해야 하고 부화 온도(섭씨 25도)까지 서서히 온도를 높여 가야 한다. 누에는 깨끗하고 환기가 잘 되는 채반에서 왕성하게 먹고 수차례 허물을 벗는다. 한 달 뒤, 방적 채반으로 옮겨진 누에들은 고치를 짓기 시작한다. 고치를 짓는 데는 수일이 걸린다. 누에는 턱에서 외가닥의 긴 실을 뽑아내는 데 여기에는 실을 들러붙게 하는 끈적끈적한 분비물이 묻어 있다. 자신의 머리를 8자 모양으로 끊임없이 움직여 고치를 빽빽하게 지어 나가면서 누에는 점점 번데기가 되어 간다.

비단을 얻기 위해서는 고치를 가열해 안에 있는 번데기를 죽이고 끓는 물에 담가 끈적끈적한 분비물을 녹여 낸 후 고치에서 깨끗한 생사를 풀어 내어 릴에 감는다. 고치 하나에서 나오는 실은 400미터에

서 3000미터까지 그 길이가 다양하다.

누에치기가 중국 전역으로 빠르게 퍼져 나가면서 비단이 직물로 사용되기 시작했다. 처음에 비단은 황족과 귀족만 입을 수 있었으나 나중에는 일반 서민들에게도 허락되었다(물론 가격은 여전히 비쌌다.). 아름답게 짜서 수를 놓고 멋지게 염색한 비단은 높이 평가받았다. 비단은 매우 비싼 고가의 교역 상품이자 물물 교환 상품이었고 화폐의 기능을 하기도 했다(보상금과 세금으로 비단이 지급되었다.).

우리가 알고 있는 비단길은 중앙아시아를 가로지르는 교역로들을 집합적으로 일컫는 말이다. 비단길이 열린 뒤에도 수세기 동안 중국은 비단 만드는 상세한 방법을 비밀로 했다. 비단길의 경로는 수세기 동안 주변 지역들의 정치 상황이나 안전도에 따라 달라졌다. 비단길이 가장 길었을 때는 그 길이가 무려 9600킬로미터에 달했는데 중국 베이징에서 시작해 주로 인도 북부 지역을 경유해 터키의 비잔티움(나중에 콘스탄티노플로 개명된 도시로 오늘날의 이스탄불)과 지중해 연안의 안티오크(현재 이름은 안타키아)와 티레(레바논 남부의 도시)에 이르렀다. 비단길의 어떤 구간은 그 기원이 4500년 전 이전으로 거슬러 올라간다.

비단 무역은 서서히 확대되어 기원전 1세기, 서양에서는 정기적으로 비단이 수입되었다. 200년경, 일본에서도 양잠이 시작되었고 일본의 양잠은 다른 나라들과 독립적으로 발달했다. 페르시아 인들은 재빨리 비단 무역의 중개 상인으로 자리 잡았다. 중국은 비단 생산의 독점적 지위를 지속하기 위해 누에, 누에알, 뽕나무 씨앗을 중국 밖으로 가져가다 적발된 사람들을 사형에 처했다. 그러나 전하는 이야기에 따르면 552년, 2명의 네스토리우스 파 교회 수도사들이 속 빈 지팡이에 누에 알과 뽕나무 씨앗을 숨겨 중국에서 콘스탄티노플로 돌아오는 데 성공했다고 한다. 이로 말미암아 서양도 비단을 생산할 수 있는 길이 열리게 되었다고 하는데 만약 이 이야기가 사실이라면 네스토리우스 파 수도사들은 최초의 산업 스파이가 되는 셈이다.

양잠업은 지중해 전역으로 퍼져나가 14세기, 이탈리아에서 크게 번성하게 되었다. 특히 북부 이탈리아의 베네치아, 루카, 피렌체 같은 도시들은 아름답고 두꺼운 비단 브로케이드(brocade)와 비단벨벳으로 유명해졌다. 이 지역에서 북부 유럽으로 비단을 수출해 벌어들인 돈은 당시 이탈리아 르네상스 운동의 재정적 기반 가운데 하나가 된 것으로 여겨진다. 이탈리아가 정치적으로 불안해지면서 이탈리아를 떠난 비단 직조공들은 프랑스로 이주했고 덕분에 프랑스는 양잠업의 강국이 되었다. 1466년, 루이 11세는 리용의 비단 직조공들에게 세금을 공제해 주고 뽕나무를 심을 것을 포고했으며 궁정에서 사용할 비단을 제조하도록 명령했다. 이로부터 500년 간 리용과 그 주변 지역은 유럽 양잠업의 중심 지역이 되었다. 16세기 후반, 벨기에 플랑드르 지방의 직조공들과 프랑스 직조공들이 유럽 대륙의 종교 박해를 피해 영국으로 피신하자 영국의 매클리스필드와 스피틀필드는 정교하게 직조된 비단의 중심지로 자리 매김했다.

북아메리카 지역에서도 비단을 생산하려는 여러 가지 시도가 있었지만 상업적으로는 성공하지 못했다. 그래도 비단 방적이나 비단 방직같이 쉽게 기계화가 가능한 공정들은 발달할 수 있었다. 20세기 초, 미국은 전 세계 비단 제품의 최대 생산국 가운데 하나가 되었다.

비단의 윤기와 광택

　양모나 머리카락 같은 기타 동물성 섬유와 마찬가지로 비단도 단
백질이다. 단백질은 스물두 가지의 α-아미노산(α-amino acid)으로 구
성되어 있다. α-아미노산의 화학 구조식은 다음 그림처럼 1개의 아
미노기(NH₂)와 1개의 유기산기(COOH)를 갖고 있으며 여기서 아미
노기는 α-탄소(COOH기와 결합한 탄소)와 결합되어 있다.

α-아미노산의 일반 구조식

흔히 위 구조식을 더 간단하게 축약해서 다음과 같이 나타낸다.

α-아미노산의 일반 구조식을 축약한 표현

위 두 구조식에서 R은 원자의 집단, 즉 기(基, group)를 일반화해 나타
낸 것이다. R기 자리에 오는 특정 기의 종류에 따라 아미노산의 종류
가 결정된다. R기에는 스물두 가지의 기가 있고 따라서 스물두 가지
의 아미노산이 만들어진다. R기는 종종 곁기(side group) 혹은 곁사슬

(side chain)로 불린다. 이 곁기의 구조 때문에 비단의 특성, 즉 단백질의 특성이 나타나게 된다.

가장 작은 곁기는 하나의 원자로 이루어진 경우이고 수소 원자가 유일하다. R기가 H(수소)인 아미노산 이름은 글리신(glycine)이고 구조식은 다음과 같다.

$$H_2N-CH-COOH$$

글리신

기타 간단한 곁기로는 CH_3와 CH_2OH가 있고 이 곁기들은 각각 알라닌(alanine)과 세린(serine)이라는 아미노산을 형성한다.

$$H_2N-CH-COOH$$

알라닌

$$H_2N-CH-COOH$$

세린

방금 이야기한 세 가지 아미노산은 스물두 가지 아미노산 가운데 가장 크기가 작은 곁기를 갖고 있으며, 비단에서 가장 흔한 아미노산이다(비단의 약 85퍼센트가 이 세 가지 아미노산으로 이루어져 있다.). 비단의 부드러움은 비단을 구성하는 아미노산의 곁기들이 물리적으로 매우 작다는 사실에서 기인한다. 다른 아미노산들은 이 아미노산들보다 훨씬 더 크고 더 복잡한 곁기를 갖고 있다.

셀룰로오스처럼 비단도 중합체(반복되는 단위들로 이루어진 고분자)이다. 그러나 면화의 셀룰로오스 중합체는 동일한 포도당 단위가 반복되지만 비단의 단백질 중합체는 동일한 아미노산 단위가 반복되지 않는다. 비단에서 중합체 사슬을 형성하는 부분(아미노산과 아미노산이 결합하는 부분)은 달라지지 않는다. 달라지는 것은 각 아미노산에 있는 곁기이다.

2개의 아미노산이 결합할 때 아미노기(NH₂)의 H(수소)와 유기산기(COOH)의 OH가 만나 물이 생성되면서 결합에서 빠져 나간다. 2개의 아미노산이 결합해서 이루어진 부분(-CO-NH- 또는 -NH-CO-)을 아마이드기(amide group)라 하고 한 아미노산의 탄소와 다른 아미노산의 질소 사이에 이루어진 아마이드 결합을 펩티드 결합(peptide bond)이라고 한다(아미노산 사이의 아마이드 결합을 펩티드 결합이라고 한다.).

펩티드 결합

물론 아마이드기의 한쪽 끝에는 아직 결합하지 않은 OH가 있어서 다른 아미노산과 새로운 펩티드 결합을 할 수 있으며, 반대쪽 끝에도 NH₂(H_2N으로도 쓴다.)가 있어서 역시 다른 아미노산과 새로운 펩티드 결합을 할 수 있다.

새로운 결합을 할 수 있다.

$$H_2N-\underset{\underset{H}{|}}{\overset{\overset{R}{|}}{C}}-\underset{\underset{O}{\|}}{C}-\underset{\underset{H}{|}}{N}-\underset{\underset{H}{|}}{\overset{\overset{R}{|}}{C}}-\underset{\underset{O}{\|}}{C}-OH$$

새로운 결합을 할 수 있다.

일반적으로 아마이드기(아래)는

$$-\underset{\underset{O}{\|}}{C}-\underset{\underset{H}{|}}{N}-$$

다음과 같은 공간 절약형으로 많이 그린다.

$$-CO-NH-$$

2개의 아미노산을 더 추가해 아마이드 결합을 시키면 다음과 같이 4개의 아미노산이 연결된다.

$$\underbrace{NH_2-\overset{\overset{R}{|}}{C}H-CO}_{\text{첫 번째 아미노산}}-\underbrace{NH-\overset{\overset{R'}{|}}{C}H-CO}_{\text{두 번째 아미노산}}-\underbrace{NH-\overset{\overset{R''}{|}}{C}H-CO}_{\text{세 번째 아미노산}}-\underbrace{NH-\overset{\overset{R'''}{|}}{C}H-COOH}_{\text{네 번째 아미노산}}$$

위 구조식에서 아미노산이 4개이므로 곁기의 개수도 4개가 되어 R,
R′, R″, R‴로 표시했다. 네 가지 곁기는 모두 같을 수도 있고 일부만
같을 수도 있고 모두 다를 수도 있다. 위 구조식에서 아미노산은 겨우
4개 뿐이지만, 조합이 일어나는 경우의 수는 엄청나다. R의 자리에
스물두 가지 아미노산이 올 수 있고 R′, R″, R‴의 경우도 마찬가지이
다. 이것은 22^4, 즉 23만 4256개의 경우의 수가 올 수 있다는 의미가
된다. 인슐린(insulin)은 췌장에서 분비되며 당대사를 조절하는 호르
몬이다. 인슐린과 같은 매우 작은 단백질도 51개의 아미노산으로 구
성되어 있다. 따라서 인슐린에서 일어날 수 있는 단백질 조합의 수는
$22^{51}(2.9 \times 10^{66})$라는 어마어마한 값이 된다.

비단의 단백질 사슬은 지그재그형이다. R기는 사슬의 좌우에서 교대로 나타난다.

비단의 80~85퍼센트를 구성하는 아미노산은 '글리신-세린-글리신-알라닌-글리신-알라닌' 형태로 반복되는 것으로 추정된다. 비단의 단백질 중합체 사슬은 지그재그 형태의 배열을 갖고 있고 곁기는 사슬의 좌우에서 교대로 나타난다.

비단의 단백질 분자 사슬은, 방향이 반대인 단백질 분자 사슬과 인접해서 평행하게 놓인다. 단백질 사슬과 단백질 사슬 사이에 형성된 인력(아래 그림에서 점선으로 표시)은 서로를 끌어당겨 접힌 판 구조를 형성한다.

평행하게 놓여 있는 단백질 사슬 간의 인력이 단백질 사슬을 결합시킨다.

단백질 사슬을 따라 좌우에서 교대로 나타나던 R기는 주름진 판의 위나 아래에서 꼭지점을 이룬다. 그림으로 그려 보면 다음과 같다.

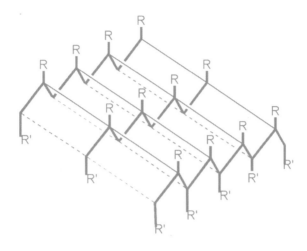

접힌 판구조. 굵은 선은 비단의 단백질 분자 사슬을 나타낸다. R기는 판 위에 있는 기를 나타내고 R′기는 판 아래에 있는 기를 나타낸다. 점선은 단백질 사슬들을 끌어당기는 인력을 나타낸다.

비단은 주름진 판 구조에서 기인하는 유연성 덕분에 신축성을 비롯하여 많은 물리적 특성을 지니게 되었다. 비단의 단백질 사슬들은 빈틈없이 포개져 있다. 즉 비단의 표면을 형성하는 R기들은 종류에 상관없이 크기가 작고 비교적 일정해서 고른 표면과 부드러운 감촉을 만들어 낸다. 또한 비단의 고른 표면은 빛을 반사해서 비단 특유의 윤기를 만든다. 우리가 높게 평가하는 비단의 특성들은 모두 단백질 구조의 작은 곁기에서 비롯된 것들이다.

비단 전문가들은 비단의 광택(sparkle)도 높이 평가한다. 이것은 규칙적으로 반복되는 주름진 판 구조에 속하지 않는 비단 분자들 때문에 생기는 현상이다. 규칙적으로 배열된 분자들이 반사한 빛을 불규칙적으로 배열된 분자들이 산란시키면서 광택이 난다. 또한 비단은 물들이기 쉽다. 비단은 천연 염료와 인조 염료를 흡수하는 능력에 있어 타의추종을 불허한다. 비단의 염색성(染色性)도 규칙적으로 반복되는 주름진 판 구조에 속하지 않는 비단 분자들 때문에 생긴 것이다. 비단의 15~20퍼센트를 구성하는 아미노산들(글리신, 알라닌, 세린을 제외한 아미노산들)의 곁기들은 염료 분자들과 쉽게 화학 결합을 형성해 깊고, 풍부하고, 바래지 않는 색상을 만들어 낸다(비단의 색상은 비단이 유명하게 된 또 하나의 이유이다.). 비단은 이중성을 지니고 있다. 규칙적으로 반복되는 주름진 판 구조에 속하는 아미노산의 작은 곁기들은 신축성, 광택, 부드러운 촉감을 제공하고, 주름진 판 구조에 속하지 않는 아미노산의 곁기들은 섬광, 염색성을 제공한다. 수세기 동안 비단이 그토록 매혹적인 직물로 사랑받을 수 있었던 것은 바로 이와 같은 비단의 이중성 때문이었다.

'합성'과 '인조'의 차이를 아세요?

비단의 이런 특성들 때문에 비단을 흉내 낸다는 것은 매우 어려운 일이었다. 하지만 높은 가격에도 불구하고 비단에 대한 수요는 여전히 컸기 때문에 19세기 후반부터 비단을 합성하려는 수많은 시도가 이루어졌고 결국 합성 비단이 만들어지게 되었다. 비단은 매우 간단한 분자이다. 즉 매우 비슷한 단위들이 단순하게 반복된 구조이다. 하지만 이 단위들을 천연 비단처럼 무작위적 또는 규칙적으로 배열하는 것은 화학적으로 매우 복잡한 문제이다. 오늘날, 화학자들은 아주 작은 규모로만 특정 단백질 사슬의 정형화된 패턴을 인공적으로 만들어 낼 수 있다. 하지만 이것조차도 시간과 노력을 많이 요하는 과정이다. 만약 공장에서 이런 방식으로 합성 비단을 만든다면 천연 비단보다 합성 비단 가격이 몇 배 더 비싸질 것이다.

20세기 이전은 비단의 복잡한 화학 구조가 알려지기 전이었으므로 비단을 합성하려는 초기의 시도들은 주로 우연한 계기로 이루어졌다. 1870년대 후반, 프랑스의 백작인 힐레르 드 샤르도네는 취미로 즐기던 사진 촬영 중 엎질러진 콜로디온(collodion, 사진 건판을 코팅할 때 사용하는 나이트로셀룰로오스 물질) 용액이 끈끈한 덩어리로 변한 것을 발견했다. 샤르도네는 이 덩어리에서 뽑아 낸 비단 같은 긴 실을 보자 수년 전의 일이 생각났다. 학생 시절 그는 프랑스 비단 산업에 막대한 피해를 일으킨 누에병(silkworm disease)을 조사하러 지도 교수 루이 파스퇴르를 따라 프랑스 남부 리용에 간 적이 있었다. 누에병의 원인은 밝혀내지 못했지만 샤르도네는 누에에 대해, 그리고 누에의 고치 치는 방법에 대해 오랜 시간 연구했다. 과거에 했던 연구가 떠오른 샤르도네는 콜로디온 용액을 작은 구멍 사이로 통과시켰다. 최초의 인조 견사가 만들어지는 순간이었다.

합성(synthetic)이라는 말과 인공(artificial)이라는 말은 일상 언어에서 흔히 상호 교환적으로 사용되고 있고, 대부분의 사전에도 유의어로 올라와 있다. 하지만 이 둘 사이에는 매우 중요한 화학적 차이가 있다. 화학에서 합성이라는 말은 실험실에서 인간이 화학 반응을 이용해 그 물질을 만들었음을 의미한다. 합성 물질은 원래 자연계에 존재하던 천연 물질과 동일 물질일 수도 있고 애초부터 자연계에 존재하지 않던 물질일 수도 있다. 애초에 자연계에 존재하던 천연 물질이 실험실에서 합성된 것이라면, 이 경우 합성 물질은 천연 물질과 화학 구조가 완전히 동일할 것이다. 예를 들어, 실험실이나 공장에서 합성되는 아스코르브산, 즉 합성 비타민 C는 자연계에 존재하는 천연 비타민 C와 화학 구조가 완전히 동일하다.

인공(인조, 모조)이라는 말은 물질의 특성을 강조하는 말이다. 인공 물질은 원래 물질과 화학 구조는 다르면서 그 물질과 비슷한 기능을 하는 물질이다. 예를 들면, 인공 감미료는 설탕과 화학 구조는 다르지만, 달다는 특성을 공통으로 지니고 있다. 인공 감미료도 인간에 의해 만들어지는 경우에는 합성 감미료이지만, 모든 인공 감미료가 합성 감미료인 것은 아니다. 왜냐 하면, 자연계에도 천연적으로 존재하는 인공 감미료가 있기 때문이다.

샤르도네가 만든 비단, 즉 샤르도네 비단은 합성 비단이 아니라 인조 비단이었다. 비록 샤르도네 비단이 인간의 힘에 의해 만들어지긴 했지만, 우리의 정의에 따르면, 합성 비단이라 함은 인간의 힘에 의해 만들어져야할 뿐만 아니라 천연 비단과 화학 구조가 동일해야 하기 때문이다. 따라서 샤르도네 비단은 천연 비단의 일부 특성을 닮긴 했지만, 모든 특성을 닮은 것은 아니었다. 샤르도네 비단은 부드럽고 광택이 좋았지만 아쉽게도 가연성이 매우 높았다. 이는 직물로서 바람직한 특성이 아니었다. 샤르도네 비단은 나이트로셀룰로오스 용액에서 뽑아낸 것으로, 우리가 알고 있듯이 나이트로화한 셀룰로오스는 가연성이 높을 뿐만 아니라 나이트로화가 많이 진행되면 폭발하기까지 한다.

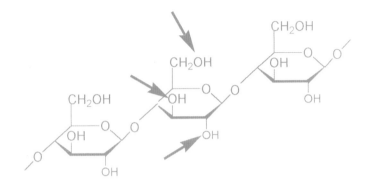

셀룰로오스 분자의 일부. 각 포도당 단위의 OH기에서 나이트로화가 일어날 수 있다. 화살표는 OH기를 가리키고 있다.

샤르도네는 1885년 샤르도네 비단 공정에 대한 특허를 취득하였고 1891년, 샤르도네 비단 제조를 시작했다. 하지만 샤르도네의 사업은 샤르도네 비단의 가연성 때문에 실패하고 말았다. 시가를 피우던 신사가 담뱃재를 샤르도네 비단으로 만든 (댄스 파트너의) 옷에 떨어뜨리는 사고가 일어났다. 전해진 바에 따르면 그 옷은 한 줄기 불꽃과 한 모금의 연기가 되어 사라졌다고 하나, 그 여인의 운명에 대해서는 알려진 바가 없다. 이를 비롯해 공장에서 일어난 수많은 사고로 샤르도네는 비단 사업을 접게 되었다. 그러나 샤르도네는 인조 비단을 포기하지 않았다. 1895년, 샤르도네는 나이트로화를 없애는 약품을 공정에 포함시켜 훨씬 더 안정적인(면 정도의 가연성을 지닌) 셀룰로오스 기반의 인조 비단을 생산해냈다.

1901년, 영국에서는 찰스 크로스와 에드워드 베번이 개발한 공정대로 비스코스(viscose)라는 인조 비단을 개발했다. 비스코스라는 이름은 높은 점도(viscosity) 때문에 붙은 이름이다. 액체 비스코스를 방적돌기(spinnerette, 실이 나오는 구멍)를 통과시켜 산성 용액에 담그면 비스코스 비단(viscose silk)으로 불리는 가느다란 섬유사가 된다(즉 셀룰로오스가 실로 재생된다.). 1910년 설립된 아메리칸 비스코스 컴퍼니와 1921년 설립된 듀폰 파이버 실크 사(나중에 듀폰 사가 된다.)는 이 공정을 이용해 비스코스를 생산했다. 1938년, 연간 1억 3500만 킬로그램의 비스코스 비단이 생산되면서 비단 같은 광택을 지닌 새로운 합성 직물에 대한 폭발적인 수요를 충족시킬 수 있게 되었고 천연 비단은 추억 속으로 사라져갔다.

비스코스 공정은 레이온이라 불리는 인조 비단을 만드는 주요 수단으로 지금도 여전히 사용되고 있다. 레이온 또한 비스코스처럼 셀룰로오스로 이루어져 있다. 레이온의 셀룰로오스 또한 비스코스의 셀룰로오스처럼 β-포도당 단위로 이루어진 중합체이지만 레이온의 셀룰로오스는 재생할 때 약간의 장력을 가해 실을 꼬았다는 차이점이 있고, 바로 이 점 때문에 레이온은 높은 광택을 띠게 된다. 레이온은 순백색인 데다가 면과 동일한 화학 구조를 갖고 있어 면을 염색하는 방법과 동일한 방법으로 임의의 색조와 농도로 염색할 수 있다. 하지만 레이온은 결점도 많다. 천연 비단의 접힌 판 구조는 유연성과 신축성을 제공해 스타킹 제조에 이상적이었지만 레이온의 셀룰로오스는 수분을 흡수하면 느슨해지는 단점이 있어서 스타킹 제조에 바람직하지 않았다.

전쟁과 나일론 스타킹

레이온의 장점만 취하고 단점은 없앤 새로운 형태의 인조 비단의 필요성이 대두되었다. 1938년, 셀룰로오스를 기반으로 하지 않는 섬유인 나일론이 등장했다. 나일론은 듀폰 파이버 실크 사 소속의 한 유기 화학자가 발명한 것이다. 1920년대 후반, 듀폰 사는 시장에 내 놓을 플라스틱 물질에 관심이 있었다. 31세의 하버드 대학교의 유기 화학자 월리스 캐러더스는 듀폰 사로부터 (사실상) 무한대의 예산으로 듀폰의 간섭 없이 독립적인 연구를 할 수 있는 기회를 제안받았다. 1928년, 캐러더스는 기초 과학 연구 전용으로 새로 지은 듀폰 연구소에서 연구를 시작했다. 그 당시 기초 과학 연구는 대학교에 위임된 경우가 많았기 때문에 기업에서 기초 과학 연구를 하겠다는 생각은 매우 독특한 발상이었다.

캐러더스는 중합체에 대해 연구하기로 결심했다. 그 당시 대부분의 화학자들은 중합체를 콜로이드(colloid)라는 분자들의 집합체라고 생각했다. 따라서 사진술과 샤르도네 비단에 쓰였던 나이트로셀룰로오스 유도체에 콜로디온이라는 이름이 붙었던 것이다. 한편 독일 화학자 헤르만 슈타우딩거는 자신의 중합체 구조 이론에서 중합체는 콜로이드의 집합체가 아니라 그 자체가 극도로 큰 분자라고 주장했다. 그 당시 가장 큰 합성 분자는 당 연구로 유명한 화학자 에밀 피셔가 만든 것이었는데 분자량이 4200이었다. 비교적 간단한 물 분자는 분자량이 18이고 포도당 분자의 분자량은 180이다. 듀폰 연구소에서 연구를 시작한 지 1년, 캐러더스는 분자량 5000이 넘는 중합체를 만들어 냈다. 캐러더스는 이 분자의 분자량을 1만 2000으로 올릴 수 있었고 중합체 거대 분자론(giant molecule theory of polymers)을 지지하는 많은 증거를 찾아냈다. 이 이론으로 말미암아 1953년, 슈타우딩거는 노벨 화학상을 수상하게 된다.

캐러더스가 개발한 첫 번째 중합체는 상업적 가능성이 있는 것처럼 보였다. 실처럼 가늘고 길게 뽑히고 비단처럼 광택이 나고 말려도 굳거나 부서지지 않았다. 하지만 이 중합체는 뜨거운 물과 일반 세제에 녹았고 몇 주가 지나자 저절로 분해되어 버렸다. 캐러더스와 그의 동료들은 계속해서 새로운 형태의 중합체들을 만들어 내고 그들의 특성을 연구해서 4년 뒤, 마침내 나일론을 만들어 냈다. 나일론은 인간이 만든 섬유 중 비단의 특성을 가장 가깝게 흉내내 과연 "인조 비단"이라 불릴 만했다.

나일론은 폴리아마이드(polyamide)이다. 폴리아마이드란 나일론도 비단처럼 중합체 단위(단위체)들이 아마이드 결합으로 연결되어 있음을 뜻한다. 그러나 비단은 1종류의 단위체가 반복되면서 아마이드 결합을 형성하고, 캐러더스의 나일론은 서로 다른 2종류의 단위체가 반복되면서 아마이드 결합을 형성한다는 차이점이 있다. 즉 비단은 좌우 양끝에 산기(acid group, COOH)와 아미노기(amine group, NH₂)가 있는 1종류의 아미노산 단위가 반복되지만, 캐러더스의 나일론은 양끝에 산기(COOH)만 있는 단위체(單位體, monomer)와, 양끝에 아미노기(NH₂)만 있는 단위체 2종류가 교대로 반복되면서 아마이드 결합을 형성한다. 나일론의 단위체 중, 양끝에 산기(COOH)만 있는 단위체는 아디프산으로 구조식은 다음과 같다.

$$HOOC-CH_2-CH_2-CH_2-CH_2-COOH$$

아디프산 분자의 구조식. 양끝에 산기가 하나씩 있다. COOH를 왼쪽에 쓸 때에는 거꾸로 써서 HOOC로 쓴다.

위 식을 축약해서 표현하면 다음과 같다.

$$HOOC-(CH_2)_4-COOH$$
아디프산 분자의 축약 구조식

양끝에 아미노기(NH_2)만 있는 단위체는 1,6-다이아미노헥세인(1,6-diaminohexane)이다. 1,6-다이아미노헥세인은 COOH기 대신 아미노기가 붙어 있다는 점만 제외하면 아디프산과 분자 구조가 매우 유사하다. 1,6-다이아미노헥세인의 구조식과 축약 구조식은 다음과 같다.

$$H_2N-CH_2-CH_2-CH_2-CH_2-CH_2-CH_2-NH_2$$
1,6-다이아미노헥세인 구조식

$$H_2N-(CH_2)_6-NH_2$$
1,6-다이아미노헥세인 축약 구조식

나일론의 아마이드 결합도 비단의 아마이드 결합처럼 아미노기(NH_2)의 H와 유기산기(COOH)의 OH가 만나서 물이 생성·탈수되면서 결합이 이루어진다. 그 결과 2개의 분자는 아마이드 결합(-CO-NH- 또는 -NH-CO-)으로 연결된다. 나일론과 비단은 동일한 아마이드 결합을 한다는 점에서 화학적으로 유사하다. 나일론을 제조할 때 1, 6-다이아 미노헥세인 분자의 아미노기는 아디프산의 산기와 결합하면서 두 분 자가 교대로 이어지고 결국 나일론 사슬이 형성된다. 캐러더스가 발 명한 나일론은 아디프산과 1, 6-다이아미노헥세인이 각각 6개의 탄 소를 갖고 있어서 '나일론 66'으로 명명되었다.

나일론의 구조식. 아디프산 분자와 1,6-다이아미노헥세인 분자가 반복되어 나타나고 있다.

1938년, 나일론으로 만든 칫솔모가 시장에 나오면서 드디어 나일 론이 상업적으로 이용되기 시작했다. 1939년, 나일론 스타킹이 시장 에 처음 나왔다. 나일론은 스타킹 제조에 이상적인 중합체임이 드러 났다. 나일론에는 비단의 장점이 많아서 면이나 레이온처럼 헐거워 지지도 구겨지지도 않으면서 비단보다 훨씬 저렴했다. 나일론 스타 킹은 엄청난 상업적 성공을 거두었다. 나일론 스타킹이 나온 그해, 약 6400만 족의 나일론 스타킹이 제조되어 팔렸다. 나일론에 대한 반응 이 워낙 대단해 나일론이라는 말은 여성 스타킹과 동의어가 되었다. 나일론은 뛰어난 신축성과 내구성, 가벼움 때문에 얼마 가지 않아 낚 싯줄과 그물, 테니스와 배드민턴 라켓 줄, 수술용 봉합사, 전선의 피 복 등에도 사용되었다.

제2차 세계 대전이 발발하자 듀폰 사는 스타킹에 필요한 가느다란 섬유사 대신 군용 제품에 필요한 거친 실을 생산했다. 나일론은 타이어 코드(tire cord, 타이어를 만들 때 쓰는 보강재—옮긴이), 모기장, 기상 관측 기구, 밧줄, 기타 군용 제품 등에 쓰이게 되었다. 항공 분야에서 나일론은 낙하산 줄로 사용되던 비단을 대체했다. 제2차 세계 대전이 끝나자 나일론 제품은 군용에서 민간용으로 재빨리 돌아왔다. 1950년대, 나일론은 의류, 스키기구, 양탄자, 비품, 돛, 기타 수많은 제품에 사용되었다. 게다가 나일론은 훌륭한 성형 재료가 될 수 있음이 밝혀져 최초의 '공업용 플라스틱(금속의 강도를 지닌 플라스틱)' 이 나일론으로 만들어졌다. 1953년, 공업용 플라스틱 용도로만 무려 450만 킬로그램의 나일론이 생산되었다.

안타깝게도 캐러더스는 생전에 나일론이 성공하는 모습을 보지 못했다. 나이가 들어 감에 따라 우울증이 심해진 캐러더스는 1937년, 자신이 합성한 중합체 분자(나일론)가 장차 세상에서 엄청난 역할을 하리란 걸 알지 못한 채, 시안화물(cyanide)을 삼키고 생을 마감했다.

비단과 나일론은 비슷한 유산을 공유하고 있다. 이 유산은 단순히 둘 사이의 화학 구조가 비슷하다거나 스타킹과 낙하산 용도에 매우 적합하다는 차원 이상의 것이다. 두 중합체 모두 자기만의 방식으로 자신의 시대에서 세계 경제 번영에 지대한 영향을 끼쳤다. 비단에 대한 수요 때문에 세계 무역로와 새로운 무역 협정이 개시되었을 뿐만 아니라 비단 생산이나 비단 무역에 의존했던 도시가 성장했으며 양잠업과 함께 염색, 방적, 방직과 같은 산업들도 생겨나고 발달했다. 비단은 지구촌 곳곳에 엄청난 부와 변화를 안겨 주었다.

제2차 세계 대전이 끝나자 다시 나일론 스타킹이 생산되었고 여성들이 이를 사기 위해 몰려 들었다. (사진 제공 Du Pont)

비단과 비단 생산으로 유럽과 아시아의 의류, 비품, 예술 분야의 패션이 수세기 동안 자극받았듯이 나일론을 비롯한 수많은 현대 직물과 소재의 도입은 현대 사회에 엄청난 영향을 끼쳤다. 옛날에는 식물이나 동물이 옷을 만드는 데 필요한 원재료를 제공했지만 오늘날에는 원유를 정제할 때 나오는 부산물에서 수많은 직물의 원재료를 얻는다. 상품으로서 원유는 과거 비단이 맡았던 자리를 대체하게 되었다. 지난날 비단의 경우가 그러했던 것처럼 원유에 대한 수요는 새로운 무역 협정을 맺게 했으며 무역로를 열었고 기존 도시들을 더욱 성장시키거나 새로운 도시들을 만들었고 산업과 직업을 창출했으며 지구촌 곳곳에 부와 변화를 가져왔다.

코끼리를 멸종 위기에서 구한 페놀

듀폰 사의 나일론보다 25년 먼저 만들어진 중합체가 있었다. 이 중합체는 인간이 만든 최초의 진정한 합성 물질이었다. 이 중합체는 대항해 시대를 열었던 향신료 분자와 유사한 화학 구조(벤젠 고리)를 가진 물질(석탄산)에서 만들어졌으며 다소 무작위적인 교차 결합을 갖고 있었다. 이 물질의 이름은 바로 페놀(phenol)이다. 페놀은 또 하나의 시대, 플라스틱 시대를 열었다. 페놀류는 외과 수술, 멸종 위기에 처한 코끼리, 사진술, 바닐라 같은 다양한 주제들과 연관을 맺으며 역사의 진보에서 매우 중요한 역할을 담당했다.

무균 수술의 탄생

지금이 1860년이라면 여러분은 병원에 입원하고 싶지 않을 것이다. 특히 수술만큼은 받고 싶지 않을 것이다. 1860년대의 병원은 어둡고 더러우며 환기가 잘 되지 않았다. 이전 환자(대부분의 환자들은 죽어서 나갈 확률이 더 높았다.)가 쓰던 침구를 갈지도 않고 다음 환자를 받는 일이 예사였다. 수술 병동에서는 괴저와 패혈증으로 지독한 악취가 스며 나왔다. 악취만큼이나 무시무시한 것은 세균 감염으로 인한 사망률이었다. 절단 수술을 받은 사람의 40퍼센트 이상은 소위 병원병으로 사망했는데 육군 병원의 경우 괴저나 패혈증 감염으로 인한 사망률이 70퍼센트에 육박했다.

1864년 말, 마취제가 도입되었지만 대부분의 환자들은 최후 수단으로만 수술에 동의했다. 수술받은 상처는 항상 감염되었다. 어쩔 수 없이 외과 의사는 고름이 상처에서 빠져 나갈 수 있도록 수술 부위를 다 봉합하지 않고 수술 부위를 바닥 쪽으로 향하게 해서 오랫동안 열어 두었다. 수술 부위 밖으로 고름이 나온다는 것은 감염이 다른 부위로 퍼져나갈 확률이 낮아진다는 것을 의미했기 때문에 긍정적인 신호로 받아들여졌다.

물론 요즘에야 당시 치명적이었던 "병원병"이 창궐했던 이유가 잘 알려져 있다. 병원병은 환자 사이를 쉽게 넘나드는 세균(비위생적인 환경에서는 의사와 환자 사이도 넘나든다.)으로 야기된 병의 집합체이다. 병원병이 유행하면 의사는 대개 수술 병동을 폐쇄하고 환자들을 다른 곳으로 보낸 뒤 유황초(sulfur candle)로 훈증 소독을 하고 벽을 회칠하고

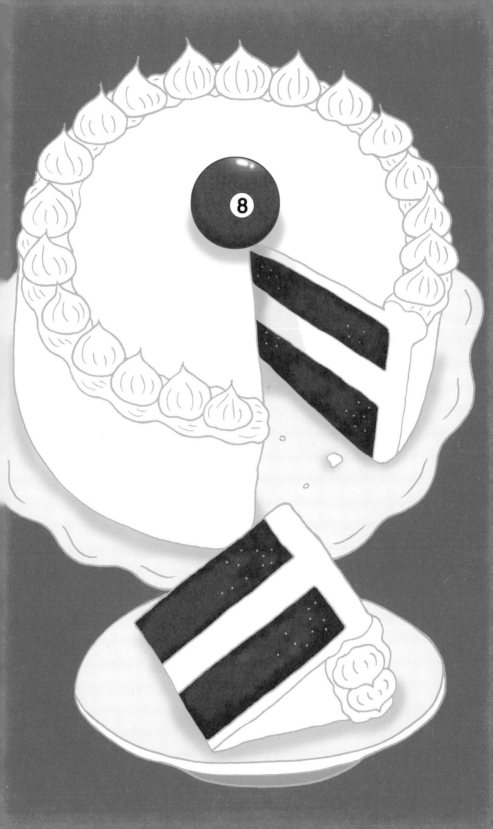

바닥을 세척했다. 이런 조치를 취하고 나면 한동안 감염이 억제되었고 병원병이 유행하면 다시 이런 조치를 반복했다.

어떤 의사들은 끓여서 식힌 물을 많이 준비해서 일정 수준의 청결을 엄격하게 유지하자고 주장했다. 어떤 의사들은 독기설을 지지했다. 독기설은 하수구에서 생긴 독가스가 공기 중으로 전파되어 한 환자가 감염되면 이 독기가 공기로 다른 환자에게 전파된다는 이론이었다. 하수구의 악취는 괴저로 살이 썩는 수술 병동의 냄새만큼이나 지독했을 뿐만 아니라, 집에서 치료받은 사람들이 병원에서 치료받은 사람들보다 감염되는 경우가 적었기 때문에 독기설은 더욱 합리적으로 들렸을 것이다. 독가스 감염을 예방하기 위해 티몰(thymol), 살리실산(salicylic acid), 이산화탄소 기체, 비터즈(bitters), 당근 습포제(raw carrot poultices), 황산아연(zinc sulfate), 붕산(boracic acid) 같은 다양한 치료법이 처방되었다. 이런 치료법 가운데 운이 좋아 이따금씩 성공하는 치료법도 나왔으나 다시 처방해 보면 효과가 없었다.

의사 조지프 리스터는 이런 환경에서 의술 활동을 펼치고 있었다. 1827년 요크셔의 퀘이커 교도 가문에 태어난 리스터는 런던 대학교에서 학위를 받고 1861년 글래스고 왕립 병원 외과 의사 겸 글래스고 대학교 외과 교수가 되었다. 리스터가 재직할 동안 새로운 현대식 수술 병동이 생겼지만 다른 곳과 마찬가지로 글래스고 왕립 병원에서도 병원병은 심각한 문제였다.

리스터는 병원병의 원인이 독가스가 아니라 현미경으로 봐야 알수 있는 공기 중의 어떤 것일지도 모른다고 생각했다. 리스터는 '세균 감염설'을 발표한 논문을 읽다가 세균 감염설을 자신의 가설에 적용해 볼 수 있겠다는 생각이 떠올랐다. 세균 감염설 논문은 프랑스 동북부 릴 대학교 화학 교수로 재직하던 파스퇴르가 쓴 것이었다. 파스퇴르는 샤르도네 비단으로 유명한 샤르도네의 스승이다. 1864년, 파리 소르본 대학교의 수많은 과학자들 앞에서 파스퇴르는 포도주와 우유를 재료로 실험을 했다. 파스퇴르는 세균(맨눈으로 보이지 않는 미생물)이 도처에 있다고 생각했다. 그의 실험은 이런 세균들이 가열을 통해 제거될 수 있다는 것을 보여 주었고 이것은 오늘날, 우유와 기타 음식물들이 변질되지 않게 해 주는 저온 살균법(pasteurization)으로 이어졌다.

그렇다고 환자들과 의사들을 삶을 수는 없는 일이었다. 리스터는 사방의 세균들을 안전하게 제거하기 위한 다른 방법을 찾아야만 했다. 리스터는 석탄산(carbolic acid) 연구를 파고들었다. 석탄산은 콜타르에서 만들어진 것이다. 콜타르는 도시 하수구의 악취 제거에 효과적이었지만 수술 상처 치료에는 그다지 효과적이지 않았다. 리스터는 이에 굴하지 않고 끈기 있게 연구를 계속해서 다리에 복합 골절(부러진 뼈의 날카로운 끝이 피부를 뚫고 나옴)을 입고 글래스고 왕립 병원에 온 11세 소년의 수술 상처 치료에 성공했다. 그 당시 복합 골절은 무서운 부상이었다. 단순 골절은 외과 수술 없이 뼈를 원상 복귀시킬 수 있었지만, 복합 골절의 경우 외과 의사가 뼈를 제자리에 돌려 놓아도 감염되는 것은 거의 기정사실이었다. 감염이 되면 절단 수술은 흔한 일이었고 절단 수술 후에도 통제할 수 없는 끊임없는 감염으로 많은 사람이 사망했다.

리스터는 석탄산에 적신 린트 천으로 소년의 부러진 뼈 안팎의 상처 부위를 조심스럽게 소독했다. 그 다음, 여러 겹 겹친 아마포를 석탄산에 적셔 상처 부위를 덮고 석탄산의 증발을 가능한 한 막기 위해 아마포 위에 얇은 금속판을 덧대어 다리를 감싸고 조심스럽게 반창고를 붙였다. 상처는 금방 아물었고 감염은 전혀 일어나지 않았다.

병원병의 감염에서 죽지 않고 살아남은 환자들이 전혀 없었던 것은 아니었지만 리스터의 경우는 감염에 걸린 후 생존한 것이 아니라 미리 감염을 예방한 것이었다. 이후 병원을 찾아오는 다른 복합 골절 환자들도 같은 방법으로 치료해서 효과를 보았고 리스터는 석탄산의 효과를 확신하게 되었다. 1867년 8월, 리스터는 수술 후뿐만 아니라 모든 수술 절차에서 소독제로 석탄산을 썼고 이후 10년간 소독 기술을 꾸준히 개선해 나갔다. 다른 외과 의사들도 점점 리스터의 방법에 수긍하게 되었지만 여전히 대다수의 의사들은 "우리 눈에 세균이 보이지 않는다면 거기엔 세균이 없는 것이다."라며 세균 감염설을 인정하지 않았다.

석탄산의 원료인 콜타르는 19세기 거리와 가정에서 조명으로 사용한 (석탄) 가스등에서 나오는 부산물이어서 쉽게 구할 수 있었다. 1814년, '영국 조명 및 난방 회사'는 런던 웨스트민스터 구에 최초의 가스 가로등을 설치했고 뒤이어 다른 도시에도 가스등이 보급되었다. 석탄 가스는 석탄을 고온으로 가열할 때 만들어지는 것으로 가연성 혼합물이다(석탄 가스의 약 50퍼센트는 수소, 35퍼센트는 메테인, 나머지는 소량의 일산화탄소, 에틸렌, 아세틸렌, 기타 유기 화합물 등이다.). 석탄 가스는 파이프를 통해 가스 공장에서 가정, 공장, 가로등으로 보내졌다. 석탄 가스에 대한 수요가 증가하면서 석탄 가스 생산 공정에서 발생하는 콜타르의 처리 문제 또한 심각해졌다(당시에는 콜타르가 전혀 중요할 것 같지 않은 부산물로만 비춰졌다.).

콜타르는 찐득찐득하고 검고 고약한 냄새가 나는 액체로서, 훗날 중요한 방향족 화합물들을 수도 없이 많이 만들어 낼 수 있는 원천임이 드러난다. 석탄 가스와 콜타르는 20세기 초 거대한 천연 가스(주성분은 메테인) 매장지가 발견될 때까지 계속해서 생산량이 늘어났다. 콜타르를 섭씨 170∼230도에서 증류하면 석탄산(리스터가 맨 처음 사용했다.)이라는 혼합물이 얻어진다. 석탄산은 검고 냄새가 매우 강한 기름 성분의 물질로 피부에 닿으면 화상을 일으킨다. 리스터는 연구를 거듭한 끝에 석탄산의 주성분인 페놀(phenol)을 흰 결정의 순수한 상태로 얻을 수 있게 되었다.

페놀은 벤젠 고리로 이루어져 있는 간단한 방향족 화합물이다(벤젠 고리에는 산소-수소기(OH기)가 결합되어 있다.).

페놀

벤젠은 물에도 어느 정도 녹는 편이고 기름에는 아주 잘 녹는다. 리스터는 이 특성을 이용해 '석탄산 퍼티 습포제(carbolic putty poultice, 페놀과 아마인유와 백악 가루를 혼합한 것)'라는 것을 개발했는데, 석탄산 퍼티 습포제를 알루미늄 호일에 발라 상처에 덮으면 이것이 상처의 딱지 역할을 해서 세균이 침투할 수 없게 되는 것이었다. 리스터는 물로 희석시킨 페놀(페놀 대 물의 비율을 1 대 20이나 1 대 40으로 해서)을 상처 부위의 피부, 수술 도구, 집도의의 손 등을 씻는 데 사용했고 수술 중에도 절개 부위에 뿌렸다.

환자들의 회복율에서 알 수 있었듯이 석탄산 치료법이 상당한 효과를 거두었음에도 불구하고 리스터는 수술 과정이 완벽한 무균 상태에 도달하지 못했다고 생각했다. 리스터는 공기 중의 모든 먼지 입자가 세균을 갖고 있다고 생각했고 공기 중의 세균이 수술 중에 침투하는 것을 막으려고 석탄산 용액을 공기 중으로 끊임없이 분무하는 기계를 개발해 수술실 전체를 석탄산으로 흠뻑 적셨다. 사실 공기 중의 세균은 리스터가 생각했던 만큼 큰 문제는 아니었다. 진짜 문제는 집도의나 수술을 돕거나 지켜보는 다른 의사나 의대생들의 의복, 머리카락, 피부, 입, 코에서 나오는 미생물이었다(아무런 무균 처리를 하지 않았기 때문이다.). 훗날 이 문제는 멸균 마스크, 가운, 모자, 드레이프(수술용 천), 라텍스 장갑 등을 반드시 착용하도록 한 현대식 수술 규정으로 해결되었다.

리스터의 석탄산 분무기는 미생물에 의한 감염을 예방하는 데 효과가 있었지만 수술실의 의사와 다른 사람들에게는 안 좋은 영향을 미쳤다. 페놀은 독성이 있어서 희석시킨 페놀이라 해도 피부를 표백시키고 갈라지게 하고 감각을 마비시킨다. 분무된 페놀을 흡입하면 병에 걸릴 수도 있다(어떤 의사들은 수술 중에 페놀을 분무하면 수술 집도를 거부했다.). 이런 단점에도 불구하고 리스터의 멸균 수술법은 효과가 매우 좋았고 긍정적인 결과가 너무나 분명하게 나왔기 때문에 1878년 무렵에는 전 세계가 리스터의 멸균 수술법을 사용하게 되었다. 오늘날 페놀은 소독약으로 거의 쓰이지 않는다. 페놀은 피부를 심하게 손상시키고 독성이 있기 때문에 페놀 대신 개발된 새로운 소독약들이 사용되고 있다.

페놀류의 구조

리스터가 사용한 소독약(석탄산)에만 페놀이라는 이름이 붙는 것은 아니다. 페놀은 벤젠 고리에 OH기가 결합된 화합물을 총칭하는 이름이다. 수십만 가지나 되는 페놀류를 그냥 '페놀'이라는 이름 하나로 통일해서 부른다고 하니 좀 혼돈스럽게 들릴 수도 있겠다. 합성 페놀류 중에서 트라이클로로페놀(trichlorophenol)이나 헥실레소르시놀(hexylresorcinol)은 항균성이 있어서 오늘날 소독제로 사용되고 있다.

트라이클로로페놀

헥실레소르시놀

트라이나이트로페놀, 즉 피크르산은 원래 염료, 특히 비단 염료로 사용되었다가 훗날 영국이 보어 전쟁과 제1차 세계 대전 초기에 무기로 사용했던 것으로 나이트로기가 3개 붙어 있어 폭발력이 매우 강하다.

트라이나이트로페놀(피크르산)

자연계에도 다양한 종류의 페놀류가 존재한다. 후추의 캡사이신이나 생강의 진제론 같이 매운맛을 내는 분자들도 페놀류로 분류되며, 정향의 유게놀이나 육두구의 아이소유게놀같이 향이 매우 강한 분자들도 페놀류에 속한다.

캡사이신(위)과 진제론(아래). 각 구조식에서 동그라미 친 부분이 페놀이다.

바닐린(vanillin)은 가장 널리 사용되는 향료 화합물 가운데 하나인 바닐라의 활성 성분이다. 바닐린도 페놀이며, 바닐린의 분자 구조는 유게놀이나 아이소유게놀과 매우 유사하다.

바닐린   유게놀   아이소유게놀

바닐린은 난초과에 속하는 바닐라(*Vanilla planifolia*)의 열매를 말리고 발효시켜 얻는다. 바닐라는 서인도 제도와 중앙아메리카가 원산지이지만 지금은 전 세계에서 재배되고 있다. 길고 가늘고 향긋한 바닐라 열매는 바닐라콩이라는 이름으로도 판매되며 바닐라콩 무게의 2퍼센트 정도가 바닐린이 된다. 참나무통에 포도주를 저장하게 되면 참나무에서 바닐린 분자가 스며 나와 숙성 중인 포도주의 풍미를 좋게 한다. 초콜릿은 카카오와 바닐린의 혼합물이다. 초콜릿뿐만 아니라 커스터드, 아이스크림, 소스, 시럽, 케이크, 기타 많은 음식들도 풍미를 좋게 하기 위해 바닐라를 사용한다. 향수에도 우리를 취하게 하는 독특한 향기를 내기 위해 바닐린이 사용된다.

    우리는 자연계에 존재하는 페놀류의 독특한 특성들을 이제 겨우 이해하기 시작했다. 마리화나(대마초)의 활성 성분인 테트라히드로칸나비놀(tetrahydrocannabinol, THC)은 마리화나(*Cannabis sativa*)에서 발견되는 페놀이다. 마리화나는 강한 섬유질(마리화나의 줄기에서 얻으며 튼튼한 밧줄과 결이 굵은 천의 재료로 사용된다.)과 THC 분자(사람을 부드럽게 취하

게 하고 진통을 달래고 환각을 일으키는 물질로 일부 마리화나 변종의 경우 식물 전체에 분포하기도 하지만 대부분은 마리화나의 암꽃눈에 집중되어 있다.)를 얻을 목적으로 수세기 전부터 재배되어 왔다.

테트라히드라칸나비놀. 마리화나의 활성 성분

THC 분자는 메스꺼움, 통증, 식욕 감퇴(암, AIDS, 기타 질병으로 인한) 등에 처방하기 위해 현재 미국의 일부 주와 일부 국가에서 의학적으로 사용이 허용되고 있다.

자연계에 존재하는 페놀은 대부분 벤젠 고리에 2개 이상의 페놀기(OH)가 결합되어 있다. 면화의 씨앗에서 추출되는 유독성 화합물인

고시폴 분자. 6개의 페놀기(OH)가 화살표로 표시되어 있다.

고시폴(gossypol)은 4개의 벤젠 고리에 6개의 OH기가 결합되어 있기 때문에 폴리페놀(polyphenol)로 분류된다. 고시폴은 남자의 정자 생산을 억제하는 효과가 밝혀져 남성 피임을 위한 화학 요법으로서 가능성 있는 대안으로 제시되고 있다. 고시폴이 피임약으로 사용된다면 사회에 미치는 파장은 엄청날 것이다.

녹차에 들어 있는 에피갈로카테킨-3-갈레이트(epigallocatechin-3-gallate)는 고시폴보다 훨씬 더 많은 페놀기(OH)를 갖고 있다.

녹차의 에피갈로카테킨-3-갈레이트는 8개의 페놀기(OH)를 갖고 있다.

최근 연구에 따르면 에피갈로카테킨-3-갈레이트는 수많은 종류의 암을 예방할 수 있다고 한다. 또 다른 연구에 따르면 적포도주의 폴리페놀 화합물은 동맥 경화를 일으키는 물질의 생성을 막는다고 한다. 실제로 적포도주를 많이 소비하는 나라들은 버터, 치즈, 기타 동물성 지방을 많이 섭취하는 식단에도 불구하고 심장병 발병률이 낮은 것을 볼 수 있다.

플라스틱의 시대

　페놀만큼 소중한 페놀 유도체들은 수도 없이 많지만 정작 세계를 엄청나게 변화시킨 것은 페놀 그 자신이었다. 페놀은 멸균 수술법이 발달할 수 있도록 도움을 주고 영향을 끼친 것처럼 20세기에 등장한 새로운 산업의 발달에서도 매우 다양한 역할, 심지어 더 중요한 역할을 담당했다. 리스터가 석탄산으로 멸균 수술법을 실험하던 때와 비슷한 시기에 코끼리 상아의 수요가 급증했다. 상아의 용도는 빗, 식기류, 단추, 상자, 체스 말, 피아노 건반 등이었다. 코끼리 상아를 얻기 위한 사냥으로 코끼리 개체수가 점점 줄어들면서 상아는 더욱 귀해지고 가격은 더욱 올라갔다. 코끼리 멸종을 우려한 나라 가운데 특히 미국이 눈에 띄었는데, 이는 오늘날 우리가 생각하는 자연 보호 때문이 아니라 당구 게임의 폭발적인 인기 때문이었다. 제대로 잘 굴러가는 당구공을 만들기 위해서는 흠 하나 없는 최고급 상아를 정중앙에서 깎아야만 했고 균일한 밀도의 당구공 1개를 만들기 위해서 평균 50개의 최고급 상아를 깎아야만 했다.

　19세기 후반, 상아 공급이 감소하면서 상아를 대신할 인조 물질을 만들어야 한다는 의견이 공감대를 형성했다. 최초의 인조 당구공은 경질 수지로 적시거나 경질 수지를 바른 가용성 면화 반죽을 목재 펄프, 뼛가루 등과 혼합 및 압축해서 만든 것이었다. 경질 수지의 주요 성분은 나이트로셀룰로오스였다. 나중에 좀 더 정교하게 만들어진 당구공은 셀룰로오스 기반 중합체인 셀룰로이드(celluloid)를 사용했다. 셀룰로이드는 생산 공정 중에도 경도와 밀도를 바꿀 수 있었다.

셀룰로이드는 최초의 열가소성 물질이다. 열가소성 물질이란 제조 공정 중에 몇 번이고 녹여서 재성형할 수 있는 물질을 말한다. 이 제조 공정에 현대적인 사출 성형 기계가 사용되면서 비숙련 노동력으로도 제품을 저렴하게 반복적으로 생산할 수 있게 되었다.

셀룰로오스 기반 중합체의 가장 큰 문제는 가연성이었다. 특히 나이트로셀룰로오스가 포함된 제품은 폭발 위험성이 있었다. 셀룰로이드로 만든 당구공이 폭발했다는 기록은 없지만, 셀룰로이드도 폭발 위험성이 있었다. 초기의 영화 필름은 나이트로셀룰로오스로 만든 셀룰로이드 중합체였다. 여기에 유연성을 높이기 위해 가소제로 장뇌를 혼합했다. 1897년, 파리의 한 영화관에서 화재 참사가 일어나 120명이

베이클라이트 같은 페놀 수지가 개발되면서 코끼리 상아를 찾는 수요가 줄어들어 코끼리는 멸종 위기를 모면할 수 있었다. (사진 제공 Michael Beugger)

사망하는 일이 벌어지자 필름이 발화하더라도 불이 번지는 것을 막기 위해 영사실을 주석으로 처리했다. 하지만 영사 기사의 안전까지 확보되는 것은 아니었다.

1900년대 초반, 미국에 이민 온 젊은 벨기에 인 리오 베이클랜드는 오늘날 우리가 플라스틱이라고 부르는 최초의 진정한 합성 물질, 베이클라이트(Bakelite)를 개발했다. 베이클라이트는 혁명적인 물질이었다. 그 당시까지 만들어진 수많은 중합체들은 적어도 부분적으로는 자연계에 존재하는 셀룰로오스로 이루어진 물질이었기 때문이다. 베이클라이트의 발명으로 베이클랜드는 플라스틱 시대를 열었다. 21세의 나이에 겐트 대학교에서 박사 학위를 받은 영특하고 창의적인 베이클랜드는 안정된 교수 생활에 안주할 수도 있었지만 미국행을 선택했다. 베이클랜드는 자신이 직접 화학 발명품을 개발하고 제조할 수 있는 기회가 벨기에보다 미국이 더 많을 거라고 생각했다.

처음에는 베이클랜드의 선택이 잘못된 것 같았다. 수년간, 상업적 가능성이 있는 수많은 제품들을 열심히 연구했음에도 불구하고 1893년, 베이클랜드는 파산 위기에 처했다. 자금이 달린 베이클랜드는 조지 이스트먼(사진 관련 용품을 제조하는 이스트먼코닥 사의 창립자)을 찾아가 자신이 개발한 새로운 형태의 인화지를 팔겠다는 제안을 했다.

베이클랜드가 개발한 인화지는 염화은 유제를 종이 위에 입힌 것으로 현상 단계에서 씻고 열을 가할 필요가 없었으며 인공 불빛(1890년대의 가스등)을 조명으로 사용할 수 있을 정도로 빛에 대한 감도가 향상된 제품이었다. 이 인화지를 사용한 아마추어 사진가들은 자신의 필름을 집에서 쉽고 빠르게 현상할 수 있었으며 전국적으로 막 생기기 시

작한 현상소에 필름을 맡길 수도 있게 되었다. 베이클랜드의 인화지
는 그 당시 코닥 사가 사용하던 셀룰로이드 제품에 비하면 화재 위험
성이 비약적으로 개선된 제품이었다.

베이클랜드는 이스트먼을 만나러 가는 기차 안에서 자신이 개발한
인화지를 넘겨주는 대가로 5만 달러를 요구할 생각이었다. 베이클랜
드는 만약 이스트먼이 협상을 요구해 오더라도 2만 5000달러 이하로
는 양보하지 않겠다고 스스로에게 다짐했다. 2만 5000달러라고 해도
그 당시로서는 상당히 큰 액수였던 것이다. 베이클랜드의 인화지에
큰 감명을 받은 이스트먼은 그 자리에서 베이클랜드에게 75만 달러
라는 엄청난 금액을 제안했다. 정신이 멍해진 베이클랜드는 이스트
먼의 제안을 수락했다. 이스트먼에게 받은 돈으로 베이클랜드는 자
기 집 옆에 현대식 실험실을 지었다.

재정 문제가 해결되자 베이클랜드는 천연 물질인 셸락(shellac)을
대체할 합성 물질 제조에 관심을 가졌다. 셸락은 그 전부터 래커나 나
무 방부제로 사용되어 온 물질이고 지금도 여전히 사용되고 있다. 셸
락은 동남아시아가 원산지인 랙깍지진디(Laccifer lacca) 암컷의 분비
물에서 얻는다. 랙깍지진디는 나무에 붙어 수액을 빨아 먹으면서 점
점 자신들의 분비물에 둘러싸이게 된다. 번식 후에 랙깍지진디가 죽
으면 이들의 사체(셸락의 shell은 이들의 사체를 뜻하는 shell에서 나왔다.)를 모
아서 녹인다. 녹여서 얻은 액체는 걸러서 랙깍지진디의 사체와 분리
한다. 1파운드(약 453그램)의 셸락을 생산하기 위해서는 1만 5000마리
의 랙깍지진디가 필요하고 6개월이라는 시간이 걸린다. 셸락이 도료
로 쓰일 때만 해도 셸락의 가격은 그리 비싸지 않았다. 하지만 20세기

초반, 전기 산업이 급속도로 팽창하면서 셸락 사용량이 갑자기 늘어나자 수요가 하늘 높은 줄 모르고 치솟았다. 전기 절연재의 제조 원가는 셸락에 적신 종이만 사용하는데도 엄청 비싸졌다. 베이클랜드는 전기 산업의 성장성을 감안할 때 인공 셸락을 전기 절연재로 쓰면 좋겠다는 생각을 했다.

인공 셸락을 만들고자 베이클랜드는 우선 페놀과 포름알데히드(formaldehyde)를 반응시켜 보았다. 페놀은 리스터의 무균 수술법에 사용된 바로 그 물질이다. 포름알데히드는 목정(木精, wood alcohol), 즉 메탄올(methanol)에서 유도된 화합물로서 당시 장의사들이 방부제로 많이 사용하던 물질이자 동물 표본 보존제로도 널리 사용되던 물질이었다.

페놀   포름알데히드

이전에도 베이클랜드는 페놀과 포름알데히드를 결합시킨 적이 있었지만 결과가 만족스럽지 못했다. 두 화합물의 반응은 너무 급격하게 일어나 통제가 불가능했고 반응 결과 생성된 물질은 불용성인 데다 쉽게 부서지고 너무 딱딱해 효용성이 없어 보였다. 그러나 베이클랜드는 두 화합물 사이의 반응을 통제할 수만 있다면, 그래서 반응 결과 생성된 화합물을 가용한 형태로 가공할 수만 있다면 바로 그런 특성들이 전기 절연재로 쓸 합성 셸락에 꼭 필요한 특성이 될 수 있겠다는

생각이 들었다.

1907년, 베이클랜드는 페놀-포름알데히드 반응의 온도와 압력을 조절해서 어떤 액체를 만들었다. 이 액체는 굳는 속도가 빠르고 일단 굳으면 투명한 호박색의 고체가 되었고 주형이나 용기에 부으면 정확히 그 모양이 되었다. 베이클랜드는 이 물질을 베이클라이트라고 이름 짓고 베이클라이트를 만드는 데 사용하기 위해 요리 기구 모양으로 개조한 압력기를 베이클라이저(Bakelizer)라 불렀다. 자기 자랑이라는 생각도 들겠지만 베이클랜드가 베이클라이트를 합성하기 위해 5년간 페놀-포름알데히드 반응 한 가지에만 매달렸다는 걸 감안하면 기계와 물질에 자기 이름을 붙인 베이클랜드의 심정을 이해할 듯도 하다.

셸락은 열을 가하면 변형되었지만 베이클라이트는 고온에서도 형태를 유지했다. 베이클라이트는 일단 성형되면 녹여서 재성형할 수 없는 열경화성 물질이었다. 열경화성 물질이란 셀룰로이드 같은 열가소성 물질과 정반대로 성형된 모습이 영원히 그대로 고정되는 물질을 말한다. 페놀 수지(베이클라이트)의 독특한 열경화성은 화학 구조에 기인한다. 베이클라이트에서, 포름알데히드(CH_2O)는 벤젠 고리들의 세 지점과 결합을 맺으면서 중합체 사슬 간에 교차 결합을 형성한다. 베이클라이트가 강도를 지니는 이유는 이미 벤젠 고리 자체가 튼튼한 평면 구조인 데다 이것들이 매우 짧은 교차 결합들로 연결되어 있기 때문이다.

베이클라이트의 구조식. 페놀 분자 사이를 CH_2가 교차 결합하고 있는 모습을 보여 주고 있다. 이 그림은 가능한 결합 방식의 한 예일 뿐이다. 실제로는 무작위적인 교차 결합이 발생한다.

베이클라이트는 기존의 어떤 물질보다 전기 절연성이 뛰어났다. 베이클라이트는 셸락 제품이나 셸락에 적신 종이 제품보다 더 좋은 내열성을 보여 주었다. 베이클라이트는 자기(瓷器)나 유리 절연재보다 부서질 확률이 더 낮았다. 베이클라이트는 직사 광선, 물, 소금기, 오존 등과 반응하지도 않았고 산과 용매에 녹지도 않았다. 베이클라이트는 쉽게 깨지지도, 잘 썰리지도 않았고 변색되거나 잘 바래거나 잘 녹지도 않았다.

한편, 베이클랜드가 의도했던 바는 아니었지만 베이클라이트는 당구공의 이상적인 재료임이 밝혀졌다. 베이클라이트의 탄성은 상아의 탄성과 비슷했다. 베이클라이트로 만든 당구공을 맞부딪치면 상아로 만든 당구공처럼 기분 좋은 소리가 났는데 이 소리는 셀룰로이드로 만든 당구공으로는 낼 수 없는 소리였다(게다가 이 소리가 안 나면 당구 치는 맛이 나질 않았다.). 1912년, 거의 모든 당구공은 베이클라이트로 만들어졌다. 기타 수많은 도구들도 베이클라이트로 만들어져 몇 년 새에 베이클라이트가 안 쓰이는 곳이 없었다. 전화, 사발, 세탁기의 교반기, 파이프 몸체, 가구, 자동차 부속품, 만년필, 접시, 안경, 라디오, 카메라, 부엌 용품, 칼 손잡이, 솔, 서랍, 욕실 용품 등은 물론이고 수공예품과 장식품도 베이클라이트로 만들어졌다. 오늘날에는 새로운 페놀 수지가 나와 갈색 물질(베이클라이트)을 대체했지만 그 당시 베이클라이트는 "천의 용도를 지닌 물질"로 유명했다. 베이클라이트 이후에 나온 수지들은 무색이었고 쉽게 착색할 수 있었다.

석탄과 바닐라

천연 물질에 대한 수요가 공급을 초과했을 때 천연 물질을 대체한 페놀 기반의 인공 물질로 베이클라이트만 있었던 것은 아니다. 바닐린 시장의 수요는 이미 오래전부터 바닐린 공급량을 초과한 상태였다. 천연 바닐린은 바닐라에서 얻어지는 물질이다. 시장 수요를 맞추기 위해 합성 바닐린이 제조되었는데, 합성 바닐린은 아주 놀라운 곳에서 나왔다. 종이를 제조할 때 목재 펄프에 아황산염을 처리하면 폐펄프액이 부산물로 나온다. 합성 바닐린은 바로 이 폐펄프액에서 나왔다. 폐펄프액의 주성분은 리그닌(lignin)으로 리그닌은 육상 식물의 세포벽 내부나 세포벽 사이에서 발견되는 물질이다. 식물이 튼튼한 것도 리그닌 때문이며 리그닌은 목재를 말리고 잰 무게의 25퍼센트를 차지한다. 리그닌은 단일 물질이 아니라 여러 종류의 페놀 단위, 즉 페놀류들이 다양하게 교차 결합되어 있는 중합체이다.

　침엽수와 활엽수는 리그닌의 구성 면에서 차이가 있는데, 이는 아래 그림에서 보는 바와 같이 리그닌을 구성하는 페놀 분자의 구조적 차이 때문이다. 베이클라이트의 강도가 페놀 분자 간의 교차 결합에 기인하듯이 목재 리그닌의 강도도 페놀 분자 사이의 교차 결합 정도에 달려 있다. 3중 치환된 페놀은 활엽수에만 있다. 3중 치환된 페놀은 2중 치환된 페놀보다 더 많은 교차 결합이 일어날 수 있어 결과적으로 활엽수는 침엽수보다 더 단단한 성질을 지니게 된다.

침엽수와 활엽수의 리그닌 구성 단위
(2중 치환된 페놀)

활엽수의 리그닌 구성 단위
(3중 치환된 페놀)

다음 그림에서 왼쪽은 리그닌 구성 단위(페놀 분자) 간의 교차 결합을 보여 주는 리그닌의 분자 구조이다. 리그닌의 분자 구조가 베이클랜드가 발명한 베이클라이트의 분자 구조와 유사하다는 것을 확실히 알 수 있다.

리그닌의 구조식(왼쪽). 점선은 다른 페놀 분자와의 교차 결합을 의미한다. 베이클라이트의 구조식(오른쪽)도 페놀 분자 사이의 교차 결합을 보여 주고 있다.

다음 리그닌 그림에서 동그라미 친 부분은 바닐린 분자의 분자 구조와 매우 유사한 부분이다. 리그닌 분자를 통제된 조건에서 분해하면 바닐린을 얻을 수 있다.

리그닌(왼쪽)의 동그라미 친 부분은 바닐린 분자(오른쪽)와 매우 유사하다.

합성 바닐린은 천연 바닐린을 화학적으로 비슷하게 모방한 것이 아니다. 합성 바닐린은 천연 재료(리그닌)로 만든 순수한 바닐린 분자이고 바닐라콩의 바닐린과 화학적으로 완전히 동일하다. 하지만 100퍼센트 바닐라콩으로 만든 바닐라 향료는 바닐린 이외에도 소량의 다른 화합물이 포함되어 있어서 이것이 바닐린 분자와 함께 천연 바닐라의 전체적인 향미를 풍기는 것이다. 인공 바닐라 향료는 캐러멜 용액에 합성 바닐린 분자가 녹아 있는 것이다(캐러멜은 색소 역할을 한다.).

이상하게 들릴지 몰라도 바닐라와 페놀 분자(석탄산)는 화학적 연관이 있다. 식물질이 오랫동안 엄청난 압력과 적절한 온도를 받으면 식물질이 분해되면서 석탄이 생성된다(이 식물질에는 물론 목질 조직의 리그닌, 셀룰로오스, 기타 식물의 주요 성분 등이 함유되어 있다). 가정과 산업 현장에서 연료로 쓰는 석탄 가스를 얻기 위해 석탄을 가열하면 독한 냄새의 검고 찐득찐득한 액체, 즉 콜타르가 나온다. 이 콜타르에서 리스터는 석탄산(페놀)을 얻었다. 리스터가 소독약으로 사용한 페놀은 결국 리그닌에서 나온 것이다.

최초의 무균 수술을 가능하게 한 것은 페놀이었다. 무균 수술 덕분에 생명을 위협하는 세균 감염의 위험성이 사라졌다. 페놀은 사고나 전쟁으로 다친 수많은 사람들의 생명을 구했다. 페놀과 그 후에 나온 소독제들이 없었다면 고관절 대치술, 심장 수술, 신장 이식, 신경 외과술, 미소 수술 같은 외과학의 놀라운 업적은 달성되지 못했을 것이다.

조지 이스트먼은 베이클랜드가 발명한 인화지에 투자함으로써 더 좋은 필름을 공급할 수 있게 되었다. 여기에 1900년, 1달러짜리 코닥 브라우니라는 매우 값싼 카메라가 보급되었다. 이 필름과 카메라 덕분에 부자들만의 전유물이었던 사진 촬영은 누구나 즐길 수 있는 취미가 되었다. 이스트먼이 베이클랜드의 인화지에 투자한 덕분에 베이클랜드는 플라스틱 시대 최초의 진정한 합성 물질, 베이클라이트를 (페놀을 시작 물질로 해서) 만들 수 있는 자본을 얻었고 베이클라이트는 전기 절연재로 사용되어 현대 산업 사회에 매우 중요한 전기 에너지를 널리 보급하는 데 기여했다.

우리가 지금까지 이야기한 페놀류들은 무균 수술, 플라스틱 발명, 폭발성 페놀류 같은 큰 방면에서나 건강 진단 대상 유해 인자, 향료를 넣은 음식, 천연 염료, 저렴한 바닐라 같은 작은 방면에서 우리의 삶을 크게 바꿔 놓았다. 페놀류의 분자 구조는 워낙 다양해서 앞으로도 계속 우리 역사를 바꿔 나갈 것이다.

우주 왕복선 챌린저 호를 공중 분해한 고무

자동차, 트럭, 비행기가 없어진다면 이 세상은 어떻게 될까? 엔진에서 엔진 실린더의 이음매를 메우는 개스킷이나 엔진의 동력을 바퀴로 전달하는 팬벨트가 없어진다면? 의류에 들어갈 고무줄이 없어진다면? 신발 밑창이 방수가 되지 않는다면? 고무 밴드처럼 평범하지만 꼭 있어야 할 것들이 없어진다면 우리 생활은 어떻게 될까?

고무와 고무 제품은 우리 주변에 너무 흔해서 고무가 무엇인지, 고무가 우리 생활을 어떻게 바꿔 놓았는지 생각해 볼 기회가 잘 없었을 것이다. 고무의 존재는 수천년 전부터 알려졌지만 고무가 문명의 필수품이 되기 시작한 것은 겨우 150년 전의 일이다. 고무의 독특한 성질은 고무의 화학 구조 때문이다. 고무의 화학 구조를 조작해 만들어진 물질은 인류에게 부를 안겨 주기도 했고 수많은 목숨을 앗아가기도 했으며 국가의 운명을 영원히 바꿔 놓기도 했다.

아마존의 고무

고무는 오래전부터 라틴 아메리카 전역에 알려져 있었다. 최초로 고무를 사용한 사람은 아마존 유역의 원주민 부족들로 여겨지는데 이들은 장식 목적과 실용 목적으로 고무를 사용했다. 중앙아메리카 멕시코 베라크루스 근처 유적지에서 발견된 고무공은 기원전 1600~1200년에 만들어진 것들이다. 1495년, 크리스토퍼 콜럼버스는 자신의 두 번째 아메리카 항해에서 히스파니올라 섬 인디언들이 고무 수액으로 만든 공으로 놀고 있는 모습을 목격했다. 무게가 꽤 나가는 이 공의 튀어 오르는 높이에 감탄한 콜럼버스는 "공기를 채운 스페인의 공보다 낫습니다."라고 보고했다. 콜럼버스가 언급한 스페인의 공이란 당시 스페인 인들이 구기 종목을 할 때 공기를 불어넣어 사용한 동물의 방광을 의미한 것 같다. 콜럼버스는 유럽으로 돌아올 때 고무 수액을 가져왔으며 콜럼버스 이후 아메리카 대륙을 탐험한 사람들도 유럽으로 돌아올 때 고무 수액을 가져왔다. 하지만 이들이 견본으로 가져 온 고무 수액은 그저 신기한 물건에 지나지 않았다. 고무 수액은 여름에는 끈적거리고 고약한 냄새가 났으며 겨울에는 단단하게 굳어 쉽게 부서졌다.

신기한 물건 정도로 치부하지 않고 고무의 용도를 진지하게 최초로 연구한 사람은 샤를마리 드 라 콩다민이라는 프랑스 인이었다. 라 콩다민을 수식하는 말은 많다. 그는 수학자, 지리학자, 천문학자이면서 플레이보이이자 모험가였다. 프랑스 과학원은 지구의 남극점과 북극점 근처 지역이 실제로 적도 지역에 비해 약간 평평한지 알아보

기 위해 페루를 지나는 자오선을 측정할 일이 있어 라 콩다민을 남아
메리카로 파견했다. 자오선 측정 임무를 마친 라 콩다민은 남아메리
카의 정글을 탐험하다가 에콰도르의 오메구스(Omegus) 원주민들이
끈적끈적한 하얀 고무 수액을 모아 연기를 쐰 뒤 다양한 모양의 주형
에 부어 그릇, 공, 모자, 장화 등을 만드는 것을 보았다. 1735년, 라 콩
다민은 고무나무(*caoutchouc*, '눈물 흘리는 나무' 라는 뜻이다.) 수액을 응고
시킨 고무공을 가득 싣고 파리로 돌아왔다. 하지만 라 콩다민이 배에
실은 고무공은 연기를 쐬지 않아 방부 처리가 되지 않았기 때문에 수
송 도중 발효되어 파리에 도착했을 때에는 고약한 냄새의 쓸모 없는
덩어리로 변해 있었다.

　고무 수액은 콜로이드 유탁액(colloidal emulsion), 즉 천연고무 입자
가 물에 녹아 있는 현탁액이다. 고무 수액은 피쿠스 엘라스티카(*Ficus
elastica*, 우리가 흔히 '고무나무' 라고 부르며 실내 장식에 쓰는 식물)를 비롯한 다
양한 열대성 교목이나 관목에서 얻을 수 있다. 멕시코 일부 지역에서
는 야생 고무나무인 카스틸라 엘라스티카(*Castilla elastica*)에서 전통적
인 방법으로 고무 수액을 얻는다. 전 세계에 골고루 분포된 피마자,
등대풀, 대주 같은 유포비아(*Euphorbia*) 속 식물들도 모두 고무 수액을
만들어 낸다. 유포비아 속 식물로는 크리스마스트리로 유명한 포인
세티아, 사막 지역에 자생하는 선인장처럼 생기고 즙이 많은 유포비
아 속 식물, 낙엽성 관목이나 상록성 관목의 유포비아 속 식물, 북아
메리카에 자생하는 "산설(山雪, Snow-on-the-Mountain)" 이라고 불리는
성장이 빠른 일년생 유포비아 속 식물 등이 있다. 미국 남부와 멕시코
북부에 자생하는 관목인 과율(guayule, *Parthenium argentatum*)도 천연

고무를 많이 만들어 낸다. 우리가 잘 아는 수수한 민들레는 열대성 식물도 아니고 유포비아 속 식물도 아니지만 고무 수액을 만들어 낸다. 천연고무를 가장 많이 만들어 내는 나무는 브라질 아마존 강 유역이 원산지인 파라고무나무(Hevea brasiliensis)이다.

아이소프렌의 구조

천연고무는 아이소프렌(isoprene) 분자가 결합해서 형성된 중합체이다. 아이소프렌은 탄소 원자를 5개 갖고 있으며 천연 중합체(고무, 녹말, 단백질 등)를 구성하는 기본 단위들 가운데 가장 크기가 작기 때문에 아이소프렌으로 이루어진 고무는 천연 중합체 중에서 구조가 가장 단순하다.

고무의 분자 구조를 연구하기 위해 최초로 화학 실험을 한 사람은 영국의 위대한 과학자 마이클 패러데이였다. 오늘날 패러데이는 화학자보다는 물리학자로 여겨지는 경우가 많지만 그는 스스로를 화학과 물리학의 경계 지점에 위치한 '자연 철학자'로 생각했다(패러데이 시대에는 화학과 물리학의 구분이 모호했다.). 패러데이는 주로 전기학, 자기학, 광학 분야의 물리학적 발견으로 유명하지만 화학 분야에 기여한 그의 업적도 상당해서, 1826년에는 고무의 화학식이 C_5H_8의 배수임을 밝혀냈다.

1835년, 고무를 증류시켰을 때 아이소프렌이 얻어지면서 고무는 아이소프렌(C_5H_8)단위가 반복된 중합체라는 것이 암시되었다. 몇 년 뒤, 아이소프렌을 중합시켰을 때 고무와 같은 물질이 만들어지자 고무가 아이소프렌의 중합체임이 확실해졌다. 아이소프렌 분자의 일반적인 구조식은 다음과 같고 탄소 원자 간에 형성된 이중 결합이 2개 있음을 볼 수 있다.

$$
\begin{array}{ccc}
CH_2 & & H \\
\backslash & & / \\
C & - & C \\
/ & & \backslash \\
CH_3 & & CH_2
\end{array}
$$

위 구조식에서 단일 결합을 형성한 탄소 원자들은 아래 그램에서 보는 바와 같이 단일 결합을 축으로 자유롭게 회전할 수 있다. 따라서 화살표 좌우에 있는 두 구조식(뿐만 아니라 이 단일 결합을 축으로 회전시켜서 나올 수 있는 모든 구조식들도)은 동일한 화합물이다.

$$
\begin{array}{ccc}
CH_2 & & H \\
\backslash & & / \\
C & - & C \\
/ & & \backslash \\
CH_3 & & CH_2
\end{array}
\longrightarrow
\begin{array}{ccc}
CH_3 & & H \\
\backslash & & / \\
C & - & C \\
/ & & \backslash \\
CH_2 & & CH_2
\end{array}
$$

천연고무는 아이소프렌 분자들의 끝과 끝이 서로 결합(중합 반응)해서 형성된 것이다. 이 중합 반응(polymerization)은 소위 시스(cis)형 이중 결합을 만들어 낸다. 이중 결합은 원자들의 회전을 막음으로써 분자에 강성(剛性, rigidity, 외부에서 가해진 힘으로 변형이 일어날 때 힘을 받은 대상이 그 변형에 저항하는 정도──옮긴이)을 부여하게 된다. 그 결과 다음 그림의 왼쪽 구조식(시스형)은 오른쪽 구조식(트랜스형)과 같지 않게 된다.

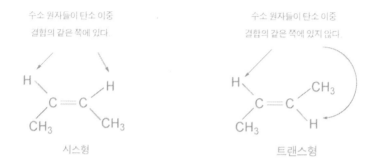

시스형은 2개의 수소 원자(와 2개의 CH_3기)가 탄소 이중 결합의 같은 쪽에 있다. 반면 트랜스형은 2개의 수소 원자(와 2개의 CH_3기)가 탄소 이중 결합의 같은 쪽에 있지 않다. 이중 결합 주위의 이 작은 배열 차이 때문에 시스형 아이소프렌 분자 중합체와 트랜스형 아이소프렌 중합체는 그 특성이 엄청나게 달라진다. 아이소프렌 외에도 시스형과 트랜스형을 가진 유기 화합물은 많다. 이런 유기 화합물들은 대개 시스형과 트랜스형에 따라 매우 다른 특성을 보여 준다.

아래 4개의 아이소프렌 분자는 서로 결합하기 전의 모습이다(양방향 화살표로 표시된 부분들이 서로 결합해서 천연고무가 생성된다.).

아래 그림에서 양끝에 있는 점선은 아이소프렌 분자가 다른 아이소프렌 분자와 계속해서 중합 반응을 하고 있음을 나타낸다.

새로운 이중 결합

천연고무

아이소프렌 분자가 다른 아이소프렌 분자와 결합할 때마다 새로운 탄소 이중 결합이 형성되고, 이 탄소 이중 결합은 중합체 사슬에 대해 모두 시스형이다. 아이소프렌 분자를 연결하는 탄소 원자(CH_2의 C)들이 탄소 이중 결합의 같은 쪽에 있기 때문이다.

중합체 사슬의 탄소들이 이중 결합의 같은 쪽에 있기 때문에 이 이중 결합은 시스형이다.

고무의 탄성은 바로 이 시스형 배열에서 나온다. 아이소프렌 중합체에는 시스형 외에도 트랜스형이 있다. 아이소프렌 중합체가 트랜스형 이중 결합을 형성하면 고무와 특성이 전혀 다른 새로운 천연 중합체가 생성된다. 앞에서 고무를 만드는 데 사용했던 아이소프렌 분자를 아래와 같이 단일 결합을 축으로 회전시키고

$$CH_3 \quad CH_2$$
$$C\!\!=\!\!C$$
$$CH_2 \qquad H$$

끝과 끝을 결합하면(양방향 화살표로 표시된 부분)

다음과 같은 트랜스형 아이소프렌 중합체가 생성된다.

중합체 사슬의 탄소가 이중 결합의 좌우측에서 대각선 방향으로 마주보고 있기 때문에 이 이중 결합은 트랜스형이다.

트랜스형 아이소프렌 중합체를 함유하고 있는 자연계의 물질은 두 가지가 있다. 구타페르카(gutta-percha)와 발라타(balata)이다. 구타페르카는 적철과(Sapotaceae) 식물, 특히 말레이 반도가 원산지인 구타페르카나무(*Palaquium gutta*)의 수액에서 얻는데 구타페르카의 약 80퍼센트는 트랜스형 아이소프렌 중합체이다. 발라타는 파나마와 남아메리카 북부 지방이 원산지인 미무소프스 글로보사(*Mimusops globosa*)의 수액에서 얻는데 발라타 역시 트랜스형 아이소프렌 중합체를 함유하고 있다. 구타페르카와 발라타는 녹여서 원하는 모양을 만들 수 있다. 하지만 공기에 일정 시간 노출되면 뿔처럼 딱딱해진다. 물속에서는 이런 변화가 일어나지 않기 때문에 19세기 말과 20세기 초, 구타페르카는 수중 케이블 피복으로 널리 사용되었다. 구타페르카는 의료 분야, 즉 부목, 도뇨관, 핀셋, 피부 발진 습포제, 이나 잇몸의 충치 치료용 충전제 등으로 사용되었다.

구타페르카와 발라타의 단단한 성질을 가장 환영한 사람은 아마도 골퍼들이었을 것이다. 골프공은 원래 느릅나무나 너도밤나무로 만들었다. 그러던 중 18세기 초, 스코틀랜드 인들이 '페더리(feathery) 공'을 개발했다. 페더리 공은 속을 거위털로 채우고 겉을 가죽으로 씌운 것이다. 페더리 공은 나무공보다 2배나 멀리 날아갔지만 습기 찬 날씨에는 공이 눅눅해져 비거리가 뚝 떨어졌다. 게다가 페더리 공은 잘 찢어지고 가격은 나무공보다 10배 이상 비쌌다.

1848년, 구타페르카를 끓는 물에 삶아 손으로 둥글게 만들어 단단하게 굳힌 거티(gutty) 공이 도입되었다(나중에는 철제 주형으로 만들었다.). 거티 공은 금방 인기를 끌었다. 하지만 단점도 있었다. 트랜스형 아이소프렌 이성질체는 딱딱하게 굳어서 부서지는 경향이 있어서 오래된 공은 날아가다가 쪼개지고는 했다. 골퍼들은 공이 쪼개져도 경기를 계속할 수 있도록 골프 규칙을 변경해, 가장 큰 파편이 떨어진 곳에 새로운 공을 두고 경기를 계속했다. 공이 닳거나 파이면 더 멀리 날아간다는 사실이 알려지자 공장에서 공을 만들 때 미리 홈을 파기 시작하더니 지금의 딤플(dimple, 골프공에 파인 홈─옮긴이)이 있는 골프공이 탄생했다. 19세기 말, 시스형 아이소프렌 이성질체로 만든 공도 골프 경기에 도입되었다. 이 공은 구타페르카를 중심에 놓고 그 주위를 고무(시스형 아이소프렌 이성질체)로 둘러싼 다음 다시 구타페르카로 둘러싼 공이다. 오늘날 골프공 재료가 다양해졌지만 여전히 많은 골프공에 고무가 사용되고 있다. 또한 겉을 구타페르카 대신 발라타로 만든 트랜스형 아이소프렌 중합체 골프공도 여전히 볼 수 있다.

칠전팔기의 발명가 굿이어

마이클 패러데이 외에도 고무로 실험을 한 사람이 또 있었다. 1823년 글래스고 대학교의 화학자 찰스 매킨토시는 고무를 나프타(naphtha, 가스 공장에서 나온 부산물)에 녹여 직물에 입혔다. 고무를 입힌 천으로 만든 방수 코트는 '매킨토시'로 알려졌고 지금도 영국에서는 레인코트를 매킨토시 또는 '맥'으로 부르고 있다. 매킨토시의 발견으로 모자, 코트뿐만 아니라 엔진, 호스, 장화, 덧신 등으로 용도가 확대되면서 고무 사용량이 증가했다.

1830년대 초, 미국에도 고무 열풍이 불어 닥쳤다. 하지만 방수 기능에도 불구하고 매킨토시의 인기는 금방 수그러들었다. 겨울에는 금속처럼 딱딱해져 부서지고 여름에는 녹아서 냄새가 고약한 풀 같은 물질로 변했기 때문이다. 고무 열풍은 순식간에 나타났다가 순식간에 사라져 버려 고무는 지우개로서의 사용 가치 외에는 쓸모가 없는 호기심의 대상으로 남는 듯했다. 고무라는 말은 1770년, 영국 화학자 조지프 프리스틀리가 처음 사용했는데 그는 생고무 조각이 물에 적신 빵보다 연필 자국 지우는 데 더 효과적이라는 사실을 발견했다. 영국에서는 지우개를 인도 고무로 만들었다고 홍보하며 판매했는데 덕분에 고무의 원산지가 인도라는 그릇된 인식이 널리 퍼지는 계기가 되었다.

1834년경, 고무 열풍의 제1라운드가 수그러들 즈음, 미국의 발명가이자 기업가인 찰스 굿이어는 일련의 실험을 개시했는데 이 실험으로 전 세계적인 고무 열풍이 다시 불기 시작해 제1라운드보다 훨씬 더 오랜 기간 지속되었다. 굿이어는 기업가로서보다 발명가로서의 재능이 더 뛰어났다. 그는 빚 지고 빚 갚기를 평생 반복했으며 수많은 파산을 겪고, 채무자 형무소를 "호텔"로 불렀다는 사실로도 유명했다. 굿이어는 더운 여름날 고무를 끈적거리게 만드는 것은 여분의 수분이라고 생각하고 건조한 가루를 고무와 섞으면 가루가 고무에 있는 여분의 수분을 흡수할 거라고 생각했다. 자신의 추론대로 굿이어는 다양한 물질들을 천연고무와 섞어 보았다. 제대로 된 물질을 섞었다고 생각했지만 해마다 여름이면 그의 생각이 틀렸음이 드러났다. 고무를 입힌 부츠와 의류는 기온이 올라가면 눅눅해져 냄새가 심하게 나고 엉망진창이 되어 버렸다. 이웃 사람들은 굿이어의 작업장에서 나는 냄새에 불만을 토로했고 굿이어에게 자금을 대던 사람들도 손을 뗐다. 하지만 그는 연구를 멈추지 않았다.

한 실험 공정에서 희망이 보이는 것 같았다. 고무를 질산으로 처리했더니 기온의 변화에 상관없이 고무가 눅눅해지지도 딱딱해지지도 않는 것 같았다. 굿이어는 다시 재정 후원자를 찾아 나섰고, 그 재정 후원자는 질산으로 처리한 고무로 만든 우편 가방을 정부에 납품하는 계약을 따냈다. 굿이어는 마침내 성공이 찾아왔음을 확신했다. 완성된 우편 가방을 창고에 넣고 자물쇠를 채운 뒤 굿이어는 가족들을 데리고 여름 휴가를 떠났다. 그러나 휴가에서 돌아와 보니 우편 가방들은 더운 날씨에 녹아내려 형체를 알아볼 수 없는 예의 그 익숙한 곤죽이 되어 있었다.

1839년 겨울, 마침내 굿이어의 위대한 발견이 이루어졌다. 당시 그는 황 가루를 건조제로 삼아 실험을 진행하고 있었다. 시커멓게 탄 끈적끈적한 물질이 형체를 이루는 것을 보고 그는 일말의 가능성을 느꼈다. 굿이어는 자신이 그토록 찾아 헤매던 성질의 고무가 황과 열에 의해 만들어진다는 사실을 확신하게 되었지만 황이 얼마나 필요한지, 온도는 몇 도에 맞춰야 하는지 알 길이 없었다. 부엌을 실험실 삼아, 그는 실험을 계속했다. 황을 섞은 고무 견본을 뜨거운 다리미 사이에 넣어 눌러 보기도 하고 오븐으로 굽거나 주전자로 김을 쐬 보기도 하고 뜨거운 모래에 묻어 보기도 했다.

굿이어의 끈기는 마침내 결실을 맺었다. 5년 뒤, 우연히 그는 균일한 결과들을 보여주는 공정을 찾아냈다. 덥고 추운 날씨에도 변함 없는 강도와 탄성과 안정성을 지닌 고무가 탄생되었던 것이다. 굿이어는 자신이 원했던 고무를 찾아냄으로써 발명가로서의 재능을 보여 주기도 했지만, 사업가로서의 무능함도 보여주었다. 그가 자신의 수많은 고무 특허로 벌어들인 로열티는 미미했다. 오히려 그의 특허를 산 사람들이 많은 돈을 벌어들였다. 미국 대법원까지 간 최소 32건의 사건에서 굿이어가 모두 승소했음에도 불구하고, 그가 특허 침해를 받는 일은 평생 끊이질 않았다. 어쨌든 그의 마음은 사업이 아니라 고무에 있었다. 고무의 무한한 가능성에 심취했던 그는 고무 지폐, 보석, 돛, 페인트, 자동차 스프링, 선박, 악기, 마루, 잠수복, 구명보트 등을 생각해 냈고 이들 대부분은 훗날 그대로 실현되었다.

굿이어는 사업만큼이나 해외 특허 취득에도 서툴렀다. 그는 자신이 만든 고무 견본을 영국으로 보내면서 가황 공정의 세부 사항에 대해서는 일절 얘기하지 않는 신중함을 보였다. 그러나 영국의 고무 수출업자 토마스 핸콕은 고무 견본 가운데 하나에 황 가루가 묻어 있는 것을 눈치챘다. 영국 특허를 신청하던 굿이어는, 핸콕이 불과 수 주 전에 자신의 것과 거의 동일한 가황 공정에 대해 특허를 신청했음을 알게 되었다. 굿이어는 소송을 취하하면 로열티의 절반을 주겠다는 핸콕의 제의를 거절하고 소송을 걸었지만 패하고 말았다. 1850년대, 런던 만국 박람회와 프랑스 만국 박람회에서 100퍼센트 고무로 만든 전시관이 세워져 굿이어의 고무를 선보였다. 하지만 굿이어는 프랑스에서 자신의 특허와 로열티가 취소되는 바람에 박람회장 사용료를 낼 수 없게 되자, 또 한 번 채무자 형무소에 수감되는 신세가 되었다. 이상한 것은 그가 프랑스 형무소에 수감되어 있는 중에도, 프랑스로부터 레종 도뇌르 훈장을 수상했다는 사실이다. 아마도 나폴레옹 3세는 굿이어를 기업가가 아닌 발명가로 생각하고 이 상을 수여하지 않았나 싶다.

고무공의 탄성은 어디서 올까?

화학자가 아니었던 굿이어는 황과 열이 어째서 그토록 천연고무와 잘 반응하는지 몰랐다. 그는 아이소프렌의 구조도 몰랐고, 천연고무가 아이소프렌의 중합체라는 사실도 몰랐으며, 자신이 황으로 그 무엇보다도 소중한 고무의 교차 결합을 이뤄냈다는 사실조차 몰랐다. 열을 가하면 황 원자들은 교차 결합을 형성하게 되고, 이 교차 결합들은 고무 분자의 긴 사슬을 고정시키는 역할을 하게 된다. 굿이어가 행운의 발견(로마 신화에 나오는 불의 신, 불카누스(Vulcan)의 이름을 따 가황(加黃, vulcanization)으로 명명되었다.)을 한 지 75년 이상 지나서야, 새무얼 슈로 더 피클스라는 영국의 화학자가 고무가 선형 아이소프렌 중합체라는 사실을 주장했고 마침내 가황 공정이 해명되기에 이르렀다.

고무가 탄성을 가지는 것은 화학 구조 때문이다. 무작위적으로 말려 있는 아이소프렌 중합체 사슬들을 잡아당기면 사슬들이 늘어나면서 정렬된다. 장력이 사라지면 중합체 사슬들은 다시 무작위적으로 말려 있는 모습으로 돌아간다. 천연고무 분자는 시스형 결합으로 이루어진 길고 유연한 사슬들의 집합이다. 이 사슬들은 사슬 간의 거리가 가깝지 않기 때문에 효과적인 교차 결합이 형성되지 않고 장력을 가하면 사슬 간에 서로 얽히는 일 없이 나란히 정렬된다. 이 사슬과 트랜스형 결합으로 이루어진 사슬을 비교해 보자. 트랜스형 결합으로 이루어진 사슬들은 모양이 매우 규칙적인 지그재그형이다. 이 사슬들은 차곡차곡 포개져 있기 때문에 교차 결합이 효과적으로 형성돼 장력을 가해도 사슬들이 스르르 풀리지 않는다. 즉 늘어나지 않는다. 그러므로 트랜스형 아이소프렌 중합체인 구타페르카와 발라타는 딱딱하고 유연성이 없는 물질인 반면, 시스형 아이소프렌 중합체인 고무는 유연한 탄성 중합체이다.

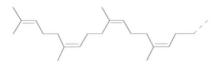

고무 분자(시스형 아이소프렌 중합체)의 사슬들은 선형이어서 사슬끼리 서로 가까이서 포개지는 경우가 없다. 따라서 사슬 간에 교차 결합이 거의 일어나지 않는다. 장력을 가하면 사슬들은 스르르 풀려 버린다.

구타페르카와 발라타(트랜스형 이성질체)의 사슬들은 지그재그형이다. 지그재그형 사슬들은 서로 포개져 많은 교차 결합이 일어난다. 이 때문에 분자들끼리 미끄러지는 경우가 없다. 구타페르카와 발라타는 잡아당겨도 늘어나지 않는다.

굿이어는 천연고무에 황을 넣고 가열해서 이황 결합(disulfide bond, -S-S-)을 통해 교차 결합을 만들어 냈다(이황 결합이 형성되는 데에는 열이 필요하다.). 충분히 형성된 이황 결합들은 고무 분자들의 유연성은 훼손시키지 않으면서 고무 분자 사슬들이 서로 미끄러지는 걸 막는다.

이황 교차 결합을 지닌 고무 분자. 이황 교차 결합 때문에 사슬 간의 미끄러짐이 발생하지 않는다.

굿이어의 발견으로 가황 고무는 전 세계 중요 상품 가운데 하나가 되었고 전시 필수 물질로 자리 잡았다. 고무에 황을 0.3퍼센트만 넣어도 천연고무의 탄성 허용 온도 범위가 변해 더운 날씨에도 찐득거리지 않고 추운 날씨에도 부스러지지 않게 된다. 고무 밴드를 만드는 데 사용되는 부드러운 고무는 약 1~3퍼센트의 황을 첨가한 것이다. 3~10퍼센트의 황을 첨가한 고무는 교차 결합이 더 많이 일어나 더 적은 유연성을 지니게 되므로 타이어로 사용 되는 반면, 그보다 더 많은 교차 결합이 일어나 딱딱해진 고무는 에보나이트(ebonite) 같은 절연재로 쓰이게 된다. 에보나이트는 굿이어의 형제인 넬슨 굿이어가 만든 검은색의 매우 단단한 물질로, 고무에 23~35퍼센트의 황을 첨가한 것이다.

레오폴드 왕의 유령

일단 가황 고무의 가능성이 인식되자 가황 고무에 대한 수요가 본격적으로 일어나기 시작했다. 고무 같은 수액을 산출하는 수많은 열대 나무들 가운데, 헤베아(*Hevea*) 속 고무나무는 아마존 열대 우림에서만 볼 수 있었다. 소위 고무왕들이 아마존 유역의 원주민들과 노동 계약을 맺고 착취한 노동으로 어마어마한 부를 축적하기까지는 채 몇 년이 걸리지 않았다. 일반적으로 생각하는 것과는 달리, 돈을 빌려 주고 노동자를 구속하는 이 제도는 노예 제도나 다름 없는 제도였다. 일단 노동자들이 계약을 맺게 되면 노동자들은 고용주로부터 월급을 가불해 장비와 생필품을 구입하게 된다. 하지만 턱없이 부족한 월급으로는 결코 가불금을 갚을 수 없게 되고 결과적으로 빚은 걷잡을 수 없이 늘어만 간다. 고무 농장의 노동자들은 해뜰 때부터 해질 때까지 고무나무에 칼집을 내 수액을 모으고, 불을 지펴 응고한 고무에 매캐한 연기를 쐬고, 단단하고 검게 된 고무공을 수로까지 날라 선박으로 운송할 수 있도록 준비했다. 12월부터 6월까지 수액이 응고하지 않는 우기가 오더라도 노동자들은 집으로 돌아가지 못하고 고용주의 감시

아래 음산한 야외 캠프에 수용되었으며 혹시라도 캠프를 탈출하는 노동자가 있으면 발견 즉시 사살되었다.

아마존 유역 삼림에서 고무나무가 차지하는 비중은 전체의 1퍼센트 미만이었다. 고무나무 한 그루가 1년 동안 최대로 생산할 수 있는 고무는 겨우 1.4킬로그램이었다. 고무 농장의 숙련된 노동자 1명이 하룻동안 생산할 수 있는 가황 고무는 11.3킬로그램이었다. 연기를 쐰 고무공은 카누에 실어 강 하류 교역장으로 보내지고 최종적으로 마나우스에 도착한다. 마나우스는 대서양에서 1400킬로미터 떨어진 내륙에 있는 도시로, 네그루 강과 아마존 강이 합류하는 지점 17킬로미터에 위치하였다. 이곳은 원래 열대 지방의 작은 강변 마을이었으나 고무 산업을 기반으로 갑자기 큰 도시로 성장했다. 백여 명 남짓한 고무왕들(주로 백인들)이 축적한 거대한 부와 화려한 삶, 그리고 강 상류에서 일하는 농장 노동자들의 비참한 삶이 마나우스만큼 극명하게 대조되는 곳은 없었다. 1890~1920년, 아마존 지역이 전 세계 고무 시장을 독점하고 있던 시절, 마나우스에서는 거대한 저택, 화려하게 장식된 자가용, 온갖 양식의 이국 상품을 보관하고 있는 호화로운 창고, 잘 손질된 정원, 부와 영화를 상징하는 그 밖의 모든 것들을 볼 수 있었다. 마나우스의 멋진 오페라하우스에는 유럽과 미국의 톱스타들이 초빙되었다. 한때 전 세계에서 가장 많은 다이아몬드 구매 횟수가 기록된 곳도 마나우스였다.

그러나 곧 고무 거품이 터질 차례였다. 이미 1870년대, 영국은 열대 우림 지역 야생 고무나무의 끊임없는 벌목을 걱정하기 시작했다. 고무나무 줄기에 칼집을 내서 수액을 얻으면 1년에 1그루당 1.4킬로그램밖에 얻을 수 없었지만, 고무나무를 벌목해서 수액을 얻으면 1그루당 45.4킬로그램이나 얻을 수 있었다. 가재도구나 어린이 장난감 만드는 데 쓰였던 페루슬라브(Peruvian slab)라는 하급 천연고무를 산출하는 카스틸라나무(Castilla)는 벌목으로 멸종 위기에 처했다. 1876년, 헨리 알렉산더 위크햄이라는 영국인이 전세 낸 배에 7000개의 파라고무나무 씨앗을 싣고 아마존을 출발했다(훗날 이 나무는 고무 수액을 가장 많이 산출하는 종임이 밝혀졌다.). 아마존 밀림에는 17종의 헤베아 속 나무가 있었다(파라고무나무는 그 중 하나이다.). 자기가 수집한 파라고무나무 씨앗이 고무를 가장 많이 생산하는 종이라는 걸 위크햄이 알았는지, 혹은 그냥 운이 좋아 파라고무나무를 선택하게 됐는지는 확실하지 않다. 브라질 관리들이 위크햄의 선박을 수색하지 않은 이유도 확실하지 않다(브라질 관리들은 고무나무가 아마존 유역 밖에서는 자랄 수 없다고 생각했는지 모른다.).

위크햄은 기름기 많은 씨앗(파라고무나무 씨앗)이 썩거나 발아하지 않도록 포장과 수송에 세심한 주의를 기울였다. 1876년 6월 어느 날 아침, 위크햄은 저명한 식물학자이자 런던 교외 큐 국립 식물원의 원장을 맡고 있던 조지프 후커의 자택을 방문했다. 후커는 배양실을 짓고 파라고무나무 씨앗을 심었다. 며칠 뒤 발아하기 시작한 씨앗들은 1900그루가 넘는 묘목으로 자랐다(남아메리카에 이어 아시아가 거대 고무 왕국으로 발돋움하는 시발점이 바로 이 묘목들이었다.). 이 묘목들은 작은 온실로 옮겨져 정성들인 보살핌을 받으며 실론 섬(오늘날의 스리랑카)의 콜롬보로 운송되었다.

당시에는 고무나무의 성장 습성은 물론이고 아시아의 기후가 고무 수액 산출량에 어떤 영향을 미칠지 알려진 바가 거의 없었다. 큐 국립 식물원은 파라고무나무 재배에 관한 모든 면을 과학적으로 심도 있게 연구하기 위한 프로그램을 수립하고 적용한 결과 일반적인 통념과 달리 고무나무를 잘 관리하면 매일 수액을 얻어 낼 수 있다는 사실을 알아냈다. 야생 고무나무들은 수령이 약 25년이 되어야 수액을 얻을 수 있는 반면 재배된 고무나무들은 수령이 4년을 넘으면 수액을 얻을 수 있었다.

최초의 고무 농장 두 곳이 셀랑고르 주(서부 말레이시아)에 들어섰다. 1896년, 맑은 호박색의 말레이시아 산 고무가 영국에 처음 수입되었다. 곧이어 네덜란드도 자바 섬과 수마트라 섬에 고무 농장을 건설했다. 1907년, 영국 식민지였던 말레이 반도와 실론 섬에는 130만 평방미터의 농장에 약 1000만 그루의 고무나무가 일정한 간격으로 줄지어 자라고 있었다. 영국이 천연고무 재배에 필요한 노동력을 공급받기 위해 수많은 노동자들의 이민을 받기 시작하자, 중국인들은 말레이 반도로, 타밀 인들은 실론 섬으로 밀려들어왔다.

고무 수요는 아프리카에도 영향을 미쳤다. 특히 중앙아프리카 지역에 위치한 콩고가 큰 타격을 받았다. 1880년대, 벨기에의 레오폴드 2세는 다른 열강들이 비교적 관심을 두지 않던 중앙아프리카 지역을 식민화했다(아프리카 대륙의 서부, 남부, 동부 대부분은 이미 영국, 프랑스, 독일, 포르투갈, 이탈리아가 차지했다.). 중앙아프리카 지역은 수세기에 걸친 노예 무역으로 이미 인구가 대폭 감소한 상태였다. 노예 무역 못지않게 19세기 상아 무역도 아프리카를 폐허로 만들고 전통 생활 양식을 붕괴시킨 터였다. 무역업자들이 상아를 수집하기 위해 즐겨 썼던 방법은, 지역 원주민들을 생포한 다음 석방을 조건으로 상아를 요구해서 온 마을 사람들을 위험한 코끼리 사냥으로 내모는 식이었다. 더 이상 사냥할 코끼리가 없어지고 전 세계적으로 고무 가격이 올라가자 무역업자들은 상아 대신 콩고 강 유역 밀림에서 자생하는 고무나무의 붉은고무를 요구했다.

레오폴드 2세는 고무 무역을 이용해 중앙아프리카 식민 통치를 위한 자금을 마련했다(중앙아프리카는 벨기에 최초의 공식적인 식민지였다.). 레오폴드 2세는 콩고의 방대한 영토를 영국 · 벨기에 인도 고무 회사나 앤트워프 사 같은 상업 회사에 임대했다. 이 회사들이 임대료 이상의 본전을 뽑는 방법은 고무를 많이 생산하는 방법 외에는 없었다. 수액 채취는 콩고 인들의 의무가 되었다. 레오폴드 2세는 군대를 동원해 콩고 인들로 하여금 생업인 농업을 포기하게 만들고 고무 수액 채취로 내몰았다. 온 마을 사람들이 벨기에 인의 노예가 되는 걸 피하기 위해 숨는 일이 허다했다. 야만적인 처벌은 일상적인 일이었다. 고무를 충분히 채취하지 못하면 고무 벌채에 쓰는 칼로 콩고 인들의 손목을 잘랐다. 벨기에의 야만적인 행위를 규탄하는 항의에도 불구하고, 다른 식민주의 국가들도 여전히 고무 채취권을 임대받은 회사들이 원주민을 대규모로 강제 노동시키는 것을 용인하기는 마찬가지였다.

추잉검과 고무는 전시 전략 물질?!

다른 물질과 달리 고무는 역사의 영향을 많이 받았다. 고무라는 말은 오늘날 다양한 종류의 중합체들을 지칭한다. 이 중합체들이 빠르게 개발될 수 있었던 것은 20세기의 역사적 사건들 때문이었다. 농장에서 생산된 천연고무의 공급량이 아마존 열대 우림에서 채취된 천연고무의 공급량을 추월하게 시작하더니 1932년, 전 세계 고무 생산량의 98퍼센트가 동남아시아의 고무 농장에서 나왔다. 미국은 자국의 고무 비축 프로그램에도 불구하고 산업 성장과 수송 부문의 성장을 위해 훨씬 더 많은 고무가 필요해지자, 고무 생산량이 동남아시아에 지나치게 편중되어 있다는 사실에 큰 우려를 표명했다. 1941년 12월, 일본의 진주만 습격으로 미국은 제2차 세계 대전에 참전하게 된다. 임박한 전시 고무 부족 문제 해결을 위한 여러 가지 안이 제시되었고 미국 대통령 프랭클린 델러노 루스벨트는 특별 위원회를 만들어 이 여러 안들을 검토할 것을 지시했다. 위원회는 "고무의 대량 공급선을 빨리 확보하지 못하면 전쟁과 내수 경제 모두 실패할 것이다."라는 결론을 내렸다. 위원회는 캘리포니아의 래빗 브러시(rabbit brush), 미네소타의 민들레 같은, 미국의 여러 주에서 자생하는 식물에서 천연고무를 얻겠다는 생각을 접었다. 제2차 세계 대전 중 러시아는 고무를 얻기 위한 미봉책으로 자국에서 자라는 민들레를 사용했지만 루스벨트의 위원회는 그렇게 해서 얻은 수액은 양도 적고 품질도 믿을 수 없다고 생각했다. 위원회가 결론 내린 유일한 합리적인 해결책은 합성 고무를 생산하는 것이었다.

당시 아이소프렌을 중합 반응시켜 합성 고무를 얻겠다는 시도는 한 번도 성공한 적이 없었다. 천연고무의 시스형 이중 결합이 문제였다. 천연고무가 만들어질 때는 효소가 중합 반응을 제어하기 때문에 시스형 이중 결합만 형성된다. 반면 합성 고무가 만들어질 때는 천연 고무의 효소와 같은 중합 반응 제어가 불가능해 시스형과 트랜스형이 무작위적으로 섞여 있는 이중 결합이 형성된다.

자연계에도 시스형과 트랜스형이 무작위적으로 섞여 있는 아이소 프렌 중합체가 있다. 남아메리카가 원산지인 사포딜라나무(sapodilla tree, *Achras sapota*)의 수액에 있는 아이소프렌 중합체가 그것이다. 이 수액은 "치클(chicle)"이라 불리는데 오래전부터 추잉검을 만드는 데 사용되었다. 껌을 씹는 행위는 오래된 관습인 것 같다. 선사 시대 유적에서는 사람이 씹은 흔적이 있는 나무 수지가 발굴되었다. 고대 그리스 인들은 유향수의 수지를 씹고는 했다. 유향수는 중동, 터키, 그리스 지역에서 자생하는 관목으로 오늘날에도 이 지역 사람들은 유향수 수지를 씹는다. 미국 뉴잉글랜드 지역의 원주민들도 전나무의 굳은 수액을 씹었다. 이 지역에 정착한 유럽 인들도 원주민을 따라 전나무 수액을 씹는 습관이 생겼다. 전나무 수지는 독특하고 매우 강한 향미가 있다. 하지만 전나무 수지는 제거하기 힘든 불순물을 포함하고 있어서 석랍(石蠟, 파라핀 왁스)으로 만들어진 껌이 이 지역에 정착한 유럽 인들 사이에서 더 큰 인기를 끌게 되었다.

멕시코, 과테말라, 벨리즈 지역의 마야 인들이 적어도 1000년 전부터 씹어 오던 치클을 미국에 처음 소개한 사람은 알라모의 정복자로 유명한 안토니오 로페스 데 산타 안나 장군이었다. 멕시코 대통령이 된 산타 안나는 1855년, 리오그란데 강 북부 영토를 포기한다는 미국과의 영토 협상에 동의했다. 그 결과 산타 안나는 해임되고 고국에서 추방되었다. 산타 안나는 미국 고무업자들이 고무 수액 대체재로 치클을 구매해 주면 그 돈으로 시민군을 일으켜 멕시코 대통령 직을 다시 요구할 생각이었다. 하지만 산타 안나는 치클이 시스형과 트랜스형이 무작위로 섞여있는 아이소프렌 중합체라는 사실을 간과했다. 산타 안나와 그의 동료, 토마스 애덤스(사진가이자 발명가)는 수많은 시도를 해 봤지만 치클은 고무 대체재로 쓸 수 있을 만큼 가황 처리도 되지 않았고 고무와 효과적으로 섞이지도 않았다. 치클은 상업적 가치가 없어 보였다. 그때 애덤스는 한 어린이가 약국에서 1페니어치 파라핀 추잉검을 사는 것을 보고 멕시코 원주민들이 오랫동안 치클을 씹었다는 사실을 떠올렸다. 애덤스는 치클로 추잉검을 만들면 창고에 쌓여 있는 치클을 유통시킬 수 있겠다는 확신이 들었다. 가루 설탕으로 단맛을 내고 다양한 맛으로 출시되었던 치클검은 추잉검 산업의 성장 기반이 되었다.

추잉검이 군인들의 잠을 깨울 목적으로 제2차 세계 대전 중에 군대에 보급되기는 했지만, 그렇다고 추잉검을 전시 전략 물질로 볼 수는 없는 일이었다. 미국은 아이소프렌으로부터 고무를 만들려고 할 때마다 치클 같은 중합체만 나왔다. 따라서 인조 고무 개발을 위해서는 아이소프렌 이외의 물질을 사용할 필요가 있었다. 역설적으로 이것을 가능하게 한 공정 기술은 미국이 아닌 독일에서 나왔다. 제1차 세계 대전 중 연합군은 동남아시아에서 독일로 가는 천연고무 공급선을 봉쇄했다. 여기에 대응하여 독일의 대형 화학 회사들은 유사 고무 제품들을 많이 개발했다. 이 가운데 가장 뛰어난 제품이 스타이렌 뷰타다이엔 고무(styrene butadiene rubber, SBR)로, SBR은 천연고무와 매우 유사한 특성을 지니고 있었다.

18세기 후반, 터키 남서부가 원산지인 스위트검(sweetgum, *Liquidamber orientalis*)의 발삼 수지에서 스타이렌(styrene)이 처음으로 분리되었다. 몇 달 뒤, 추출된 스타이렌이 젤리처럼 되는 현상이 목격되었는데 바로 중합 반응이 일어난 것이었다.

스타이렌   중합 →   폴리스타이렌

이 중합체는 오늘날 우리가 폴리스타이렌(polysterene)으로 알고 있는 물질로 플라스틱 필름, 포장 재료, 스티로폼(Styrofoam) 재질의 커피컵 등에 사용되고 있다. 스타이렌(1866년 합성)과 뷰타다이엔(butadiene)은 독일의 화학 회사 이게 파르벤(IG Farben)이 인조 섬유를 제조할 때 사용한 시작 물질이다. SBR의 뷰타다이엔($CH_2=CH-CH=CH_2$) 대 스타이렌의 비율은 약 3대 1이다. (SBR의 정확한 비율과 구조는 가변적이지만) SBR의 이중 결합은 시스형과 트랜스형이 무작위로 섞여 있는 형태로 추정되고 있다.

스타이렌 뷰타다이엔 고무(SBR)의 구조식(일부). SBR은 정부 고무 스타이렌(GR-S) 또는 뷰나-S로 불린다. SBR은 가황 처리가 가능하다.

1929년, 미국 뉴저지의 스탠더드 오일 사는 독일 기업 이게 파르벤(IG Farben)과 합성 원유 관련 공정을 공유할 것을 골자로 하는 제휴를 맺었다. 이 협정에 따르면 스탠더드 오일이 SBR 공정을 포함한 이게 파르벤의 일부 특허에 대한 접근 권한을 가진다고 규정되어 있었다. 그러나 이게 파르벤이 자신의 기술 세부 사항을 스탠더드 오일과 공유할 의무가 있는 것은 아니었다. 1938년, 나치 정부는 독일의 선진 고무 제조 기술에 관한 어떤 정보도 미국으로 넘어가서는 안 된다는 통고를 이게 파르벤에 전달했다.

그렇지만 결국 이게 파르벤은 SBR 관련 특허를 스탠더드 오일에 보여주고 만다(이게 파르벤은 SBR의 특허 내용을 스탠더드 오일에 보여 준다고 해서 SBR을 상용화할 수는 없을 거라 확신했다.). 이 생각은 판단 착오였다. 미국의 화학 산업계가 총동원되어 SBR 제조 공정을 급속도로 발전시켰다. 1941년 미국의 합성 고무 생산량은 겨우 8000톤이었지만 1945년에는 80만 톤 이상으로 늘어났는데 이는 미국 전체 고무 소비량의 상당량을 차지하는 양이었다. 단기간에 그렇게 많은 양의 고무를 생산한 것은 원자 폭탄의 발명 다음으로 20세기 공학(과 화학)의 가장 위대한 업적으로 여겨진다. 이후 수십 년 동안 네오프렌(neoprene), 뷰틸 고무(butyl rubber), 뷰나-N(Buna-N) 같은 새로운 합성 고무들이 개발되었다. 이제 고무는 아이소프렌을 비롯한 기타 시작 물질로부터 만들어진 중합체(천연고무와 밀접한 관련 특성을 지닌)도 포함하는 말이 되었다.

1953년, 독일의 카를 치글러와 이탈리아의 줄리오 나타는 합성 고무를 더욱 정교하게 만들어 내는 데 성공했다. 독자적으로 연구를 진행하던 두 사람은 특정 촉매를 사용해서 시스형 이중 결합 또는 트랜스형 이중 결합을 생성할 수 있는 시스템을 동시에 개발했다. 드디어 고무를 인공적으로 합성할 수 있게 되었던 것이다. 치글러-나타 촉매 (치글러와 나타는 이 촉매의 발견으로 1963년 노벨 화학상을 공동 수상한다.)로 불리는 이 촉매의 발견으로, 중합체의 특성을 정밀하게 통제할 수 있는 합성이 가능하게 됨으로써 화학 산업은 전기를 맞이하게 되었다. 즉 더 유연하고, 더 강하고, 더 높은 내구성을 지니고, 더 단단하고, 용매나 자외선의 영향을 덜 받고, 충격이나 열이나 추위에 더 잘 견딜 수 있는 고무 중합체들이 만들어질 수 있게 되었던 것이다.

고무는 세상을 변화시켰다. 고무 제품의 원재료 채취 과정은 사회와 환경에 엄청난 영향을 미쳤다. 아마존 강 유역의 고무나무 벌목은 열대 우림 자원 남용과 희귀 환경 파괴의 한 사례에 불과했다. 같은 인간으로서 부끄러운 이 지역 원주민들에 대한 대우는 아직도 바뀌지 않고 있다. 투기꾼들과 생계형 농가들(고무 채취로 먹고사는)은 과거 고무 수액 채취에 착취당했던 이들의 후손들이 물려받은 땅을 지금도 계속해서 침범하고 있다. 벨기에가 고무를 얻기 위해 콩고를 무지막지하게 식민지화한 결과 콩고에는 아직도 정치적 불안정과 폭력과 투쟁이 끊이지 않고 있다. 아시아의 고무 농장으로 유입되었던 노동자들의 대량 이민은 100년이 지난 지금에도 말레이시아와 스리랑카의 인종, 문화, 정치 상황에 영향을 미치고 있다.

고무는 지금도 세상을 변화시키고 있다. 고무가 없었다면 세상을 엄청나게 바꾼 기계화는 불가능했을 것이다. 기계화를 위해서는 기계에 들어가는 천연 또는 인공 고무 부속품이 반드시 필요하다. 예를 들면 벨트, 개스킷, 연결 이음매, 밸브, 오링(패킹용 고무), 볼트의 와셔, 타이어, 유체가 새는 것을 막는 실(seal) 등이 그것이다. 운송의 기계화(자동차, 트럭, 선박, 기차, 비행기)는 사람과 상품 수송 방식을 바꿔 놓았다. 산업의 기계화는 우리가 일하는 방식을 바꿔 놓았다. 농업의 기계화는 도시를 성장시켰고 우리 사회를 농촌 중심에서 도시 중심으로 바꿔 놓았다. 고무는 이 모든 기계화에서 필요불가결한 역할을 담당했다.

우주 정거장, 우주복, 로켓, 우주 왕복선 등의 필수 부품이었던 고무 덕분에 우주 탐험이 가능하게 되었듯이 앞으로의 우주 탐험도 고무의 영향을 받을 것이다. 실례로 우리는 오래 전부터 잘 알려진 고무의 특성을 간과하는 바람에 우주 탐험에 대한 시도가 좌절된 경험이 있다. 1986년 1월 어느 추운 날 아침, 우주 왕복선 챌린저 호가 폭발하는 사고가 있었다. 정교한 중합체 기술을 보유하고 있는 미국 항공우주국이 고무가 가진 내한성의 한계(라 콩다민도 잘 알고 있었고 매킨토시도 굿이어도 잘 알고 있었던)를 간과하는 바람에 발생한 사고였다. 당시 발사 시점의 기온은 섭씨 2.2도, 이전에 발사가 성공했던 때의 최저 기온보다 8.3도 낮은 온도였다. 우주 왕복선의 고체 로켓 모터 후미 부분 조인트에 있던 오링은 그늘진 곳에 있었고 온도는 섭씨 −2.2도의 저온이었을 것이다. 이렇게 낮은 온도에서 오링은 원래의 유연성을 잃고 원래의 모양으로 복귀하지 못했을 것이고 압력 가스를 막는 봉인으로서의 기능을 다하지 못했을 것이다. 그 결과 연소 가스가 새어 나와 7명의 챌린저 호 승무원이 목숨을 잃은 폭발 사고가 발생했다. 이것은 현대판 나폴레옹 단추 사건이라 부를 만하다. 이미 잘 알고 있던 물질의 특성을 간과한 결과 비극적인 대형 사건이 터진 것이다. 서론에서 인용한 자장가 구절처럼 "오링 하나 때문에 모든 것을 잃은" 셈이다.

빅토리아 여왕을 매혹시킨
담자색 드레스, 모베인

우리는 의복, 비품, 액세서리, 머리를 염색할 때 염료를 사용한다. 우리는 뭔가 다른 색상, 좀 더 밝은 색상, 좀 더 부드럽고 엷은 색상, 더 깊은 색상 등을 원하지만 정작 색상에 대한 우리의 열정을 만족시켜주는 염료에 대해서는 잘 생각하지 않는 것 같다. 염료는 천연 분자 또는 인공 분자들로 이루어져 있으며 이 분자들의 기원은 수천년을 거슬러 올라간다. 염료의 발견과 이용은 오늘날 전 세계 거대 화학 기업의 출현과 성장으로 귀결되었다.

기원전 3000년의 중국 문헌을 보면 염료의 추출과 조제를 언급하는 부분이 나오는데, 어쩌면 이것이 인류 최초의 화학 실험이었는지도 모르겠다. 초기의 염료는 주로 식물(의 뿌리, 잎, 껍질, 열매)에서 얻어졌다. 염료 추출 공정은 잘 정립되어 있었지만 대개의 경우 꽤 복잡했다. 대부분의 염료는 섬유에 바로 고착되지 않는다. 따라서 섬유는 염색하기 전 미리 매염제(염료가 섬유에 고착될 수 있도록 도와주는 물질)에 담가둬야 했다. 초기의 염료는 찾는 사람도 많고 귀하기도 했지만, 사용하는 데 많은 문제점이 있었다. 즉 색상수가 제한되어 있었으며 색상 자체도 진하지 않아서 쉽게 바래지고 흐릿해졌다. 게다가 색상의 지속성도 나빠 빨래할 때마다 물이 빠지고는 했다.

염료의 3원색

파란색은 특히 찾는 사람이 많은 색상이었다. 하지만 빨간색이나 노란색에 비해 파란색 염료 식물은 드물었다. 그런데 콩과 식물인 인디고페라 틴크토리아(*Indigofera tinctoria*)에서 파란색 염료인 인디고(indigo. 인도남(印度藍)이라고도 한다.—옮긴이)를 얻을 수 있음이 알려졌다. 인디고페라 틴크토리아라는 이름은 유명한 스웨덴 식물학자 린네가 붙인 것으로, 이 식물은 열대나 아열대 지방에서 자라며 키가 2미터 가까이 자란다. 인디고는 온대 지방에서 자생하는 이사티스 틴크토리아(*Isatis tinctoria*)에서도 얻을 수 있는데, 이 식물은 유럽과 아시아의 가장 오래된 염료 식물 가운데 하나로, 영국에서는 대청(大靑. woad), 프랑스에서는 파스텔(pastel)로 알려져 있다. 전하는 바에 의하면, 700년 전, 마르코 폴로가 여행을 하던 중 인더스 계곡에서 사용되고 있는 인디고를 보았다고 하는데, 인디고라는 이름도 여기서 유래된 것이라고 한다. 하지만 인디고는 마르코 폴로 시대 훨씬 이전부터 인도뿐만 아니라 동남아시아와 아프리카를 비롯한 세계 곳곳에서 널

리 사용되고 있었다. 인디고의 원천이 되는 식물들의 녹색 잎만 봐서는 파란색의 염료가 나올 것 같지는 않다. 하지만 이 잎을 산화시킨 뒤 알칼리 용액에 담가 발효시키면 파란색 염료가 만들어진다. 이 과정은 전 세계 곳곳 수많은 문화권에서 볼 수 있는데, 아마 오줌이나 재가 우연히 묻은 나뭇잎이 시간이 지난 뒤 발효되는 걸 보고(이런 환경이라면 진한 파란색의 인디고를 만드는 데 필요한 조건들은 갖춰진 셈이다.) 이 과정을 알아낸 것 같다. 인디고의 원천이 되는 식물에서 발견되는 인디고의 전 단계 물질을 인디컨(indican)이라 하는데, 인디컨에는 포도당 한 단위가 결합되어 있다. 인디컨 그 자체는 무색이다. 하지만 알칼리 환경에서 발효되면 포도당 단위가 분리되면서 인디컨은 인독솔(indoxol)이 된다. 인독솔은 공기 중의 산소와 반응해서 푸른색 인디고를 만든다. 화학자들은 인디고를 인디고틴(indigotin)으로 부르기도 한다.

인디컨(무색) → 알칼리에서 발효 → 인독솔(무색)

공기 중에서 산화 → 인디고 혹은 인디고틴(파란색)

인디고도 매우 값비싼 물질이었지만, 고대 염료 중 가장 값비싼 염료는 인디고와 매우 비슷한 분자 구조를 지닌 티리언 퍼플(Tyrian purple)이라는 자주색 염료였다. 일부 문화권에서 자주색 옷은 왕 또는 황제만 입을 수 있도록 법으로 규정되어 있었는데, 여기서 티리언 퍼플의 별칭으로 로열 퍼플(royal purple)이라는 말이 생겨났고, "귀족 가문에 태어난(born to the purple)"이라는 말도 생겨났다. 오늘날에도 자주색은 황제의 색깔로 여겨져 왕권을 상징한다. 기원전 1600년경부터 여러 문헌들에 언급된 바 있는 티리언 퍼플은 인디고의 다이브로모 유도체, 즉 2개의 브로민 원자가 인디고 분자에 결합되어 있는 물질이다. 티리언 퍼플은 주로 무렉스(Murex) 속에 속하는 해양 연체동물이나 달팽이에서 얻어낸 불투명한 점액질에서 만들어졌다. 티리언 퍼플에도 인디고처럼 포도당 한 단위가 결합되어 있다. 티리언 퍼플의 선명한 색상은 공기 중의 산화에 의해서만 발현된다.

연체동물이 분비한 물질
(브로모인디컨)

공기 중에서 산화

티리언 퍼플
(다이브로모인디고)

브로민은 육상 식물이나 동물에서는 좀처럼 찾아볼 수 없다. 바다에는 염소, 아이오딘(요오드라고도 한다.—옮긴이), 브로민이 풍부하기 때문에 해양 자원으로부터 얻은 화합물에 브로민이 들어 있다는 것은 그다지 놀라운 일이 아니다. 오히려 놀라운 것은 출처가 워낙 다른 두 물질(인디고와 티리언 퍼플) 사이의 유사성이다(인디고는 식물에서 나왔고 티리언 퍼플은 동물에서 나왔다.).

신화에 따르면 티리언 퍼플의 발견자는 그리스 영웅 헤라클레스라고 하는데 헤라클레스는 조개를 씹어 먹은 자기 개의 주둥이가 짙은 자주색으로 물든 것을 보았다고 한다. 티리언 퍼플은 지금의 레바논 지역에 해당하는 페니키아 제국의 지중해 연안 항구 도시 티레에서 제조되기 시작한 것으로 생각된다. 1그램의 티리언 퍼플을 만들기 위해서는 약 9000개의 조개가 필요했던 것으로 추정된다. 무렉스 브란다리스(*Murex brandaris*)와 푸르푸라 하이마스토마(*Purpura haemastoma*)의 조개더미는 지금도 티레와 시돈(티레와 함께 고대 염료 무역의 주역이었던 도시)의 해변에서 볼 수 있다

당시 사람들이 티리언 퍼플을 얻는 방법은, 연체동물의 껍질을 깨뜨린 다음 뽀족한 막대를 이용해 혈관처럼 생긴 작은 선(腺, gland)을 뽑아내는 것이었다. 이 선으로 만든 용액에 천을 담근 뒤 공기 중에 노출시키면 산화되면서 처음에는 옅은 노랑연두가 되었다가 점차 파란색으로 변하고 최종적으로 짙은 자주색의 티리언 퍼플이 된다. 티리언 퍼플은 로마 원로원, 이집트 파라오, 유럽 귀족과 왕족의 의복을 염색하는 데 쓰였다. 티리언 퍼플은 워낙 수요가 많아 티리언 퍼플 생산에 사용되었던 두 조개종이 서기 400년에 이미 멸종 위기에 처할 정도였다.

인디고와 티리언 퍼플은 수세기 동안 노동 집약적인 방법으로 만들어지다가 19세기 말, 마침내 합성 인디고가 상용화되었다. 1865년,

독일 화학자 요한 프리드리히 빌헬름 아돌프 폰 바이어는 인디고 구조에 대한 연구를 시작해서 1880년, 실험실에서 쉽게 얻을 수 있는 시작 물질로부터 인디고를 제조하는 방법을 발견했다. 하지만 합성 인디고를 상업적으로 이용할 수 있게 된 것은 이로부터 17년이 더 지난 뒤 독일 화학 회사 바스프(BASF, Badische Anilin und Soda Fabrik)에서 새로운 합성법이 개발되면서부터였다.

일곱 단계의 화학 반응

바이어가 개발한 첫 번째 인디고 합성법은 일곱 단계의 화학 반응을 필요로 했다.

합성 인디고가 제조되면서 대형 천연 인디고 산업은 사양길로 접어들기 시작했고 수천년 동안 천연 인디고의 재배와 추출로 생계를 유지해 오던 생활 양식이 바뀌기 시작했다. 오늘날 연간 6톤 이상 생산되고 있는 합성 인디고는 염료 산업에서 큰 비중을 차지하고 있다. 합성 인디고도 천연 인디고처럼 물이 잘 빠지기로 유명하지만 이런 특성이 패션에서는 장점이 되어 청바지 염색에 가장 많이 사용되고 있다. 인디고의 다이브로모 유도체인 티리언 퍼플도 합성 인디고와 유사한 방법으로 합성되었다(이후 새로운 자주색 염료가 나타나 티리언 퍼플을 대체했다.).

염료는 직물의 섬유와 결합할 수 있는 유색의 유기 화합물이다. 염료는 염료의 분자 구조에 의해 가시광선 영역 중에서 특정 파장의 빛만 흡수하게 된다. 우리가 지각하는 염료의 색상은 염료가 흡수하는 가시광선의 파장이 아니라 염료가 반사하는 가시광선의 파장이다.

염료에 의해 가시광선의 모든 파장이 흡수되면, 즉 반사되는 빛이 하나도 없으면 염색된 천의 색상은 검정으로 보이게 된다. 염료가 빛의 어떤 파장도 흡수하지 않으면, 즉 모든 빛이 반사되면 우리 눈에 보이는 색상은 흰색이 된다. 염료가 빨간색에 해당하는 파장만 흡수하면, 염료가 반사하는 빛은 빨간색의 보색인 녹색이 된다. 염료에 의해 흡수되는 파장과 염료의 화학 구조 사이의 관계는 자외선 차단제가 자외선을 흡수하는 관계와 매우 유사하다(다섯 번째 이야기 참조). 즉 빛의 파장이 흡수되는 정도는 이중 결합과 단일 결합이 교대로 반복되는 횟수에 비례한다는 사실이다. 단, 가시광선 파장을 흡수하기 위해서는 자외선 파장의 경우보다 더 많은 이중 결합과 단일 결합의 반복이 필요하다. 이와 같은 사실은 아래 β-카로틴(당근, 호박, 스쿼시가 주황색을 띠도록 하는 물질)의 분자 구조식에서 확인할 수 있다.

β-카로틴(주황색)

β-카로틴에서와 같이 이중 결합과 단일 결합이 교대로 반복되는 결합을 짝 결합(conjugated bond)이라 한다. β-카로틴은 짝 이중 결합을 11개 갖고 있다. 짝 결합은 확장되기도 하고 (따라서) 흡수되는 빛의 파장이 변하기도 하는데, 짝 결합에 산소, 질소, 황, 브로민, 염소 같은 원자들이 포함될 때 이런 현상이 발생한다.

인디고의 전 단계 물질인 인디컨에도 일부 짝 결합이 들어 있지만 색상을 나타낼 정도는 아니다. 반면 인디고는 인디컨의 2배에 해당하는 짝 결합이 들어 있을 뿐만 아니라, 짝 결합에 산소 원자도 포함되어 있다. 따라서 인디고는 가시광선의 빛을 충분히 흡수할 수 있게 되며, 이는 바로 인디고가 선명한 색상을 띠게 되는 이유가 된다.

포도당

인디컨(무색)   인디고(파랑)

유기 염료뿐만 아니라, 곱게 간 미네랄을 비롯한 기타 무기 화합물, 즉 안료(pigment)도 고대 이래로 지금까지 염색에 사용되고 있다. 안료(동굴 벽화, 무덤 내부 장식, 회화, 벽화, 프레스코 등에서 볼 수 있다.)의 색상도 특정 파장의 가시광선을 흡수하는 데서 연유하지만, 그 흡수가 짝이중 결합 때문에 일어나는 것은 아니다.

빨간색을 얻기 위해 사용되었던 고대 염료 2가지, 즉 알리자린(alizarin)과 코치닐(cochineal)은, 출처는 전혀 다르지만 화학 구조는 놀라울 정도로 유사하다. 알리자린은 꼭두서닛과(Rubiaceae) 식물인 꼭두서니의 뿌리에서 얻어졌다. 알리자린은 인도에서 처음 사용된 것으로 추정되며 페르시아와 이집트에서도 사용되었고 이후 고대 그리스와 로마에서도 사용되었다. 알리자린은 매염 염료, 즉 염료를 직물에 고착시키기 위해서 매염제(금속염, 즉 금속 이온)의 도움을 필요로 하는 염료이다. 같은 염료(알리자린)를 사용하더라도 매염제의 종류가 달라지면 다른 색상이 얻어진다. 알루미늄 이온을 매염제로 사용하면 담홍색이 얻어지고, 마그네슘 이온의 경우엔 보라색, 크롬 이온의 경우엔 갈색이 도는 보라색, 칼슘 이온의 경우엔 진홍색을 얻을 수 있다. 알루미늄 이온과 칼슘 이온을 매염제로 함께 쓰면 밝은 빨강을 얻을 수 있는데, 당시 사람들은 점토(매염제)와 꼭두서니 뿌리(말리고 부수어 가루로 만든)로 염색해서 이 색상을 얻었을 것이다. 점토와 꼭두서니 뿌리는 기원전 320년, 알렉산드로스가 적군을 유인하기 위해 펼친 계략에도 사용되었던 것 같다. 알렉산드로스는 부하들에게 핏빛 염료를 묻힌 헝겊으로 군복을 염색하도록 했다. 페르시아 군대는 부상당한 패잔병들을 공격하는 줄로 알고 상대방의 저항이 없을 거라 생각했다가, 자기네들보다 수적으로 열세인 알렉산드로스의 군대에게 쉽게 패하고 말았다. 이 이야기가 사실이라면 페르시아 군대는 알리자린에게 패한 셈이다.

염료는 군복과 오랜 역사를 함께 했다. 미국 독립 혁명 기간 중 프랑스가 미국에 원조한 군복(블루코트)은 인디고로 염색된 것이었다. 프랑스 군복은 알리자린으로 염색되었는데, 알리자린의 원재료인 꼭두서니가 수세기 동안 중동 지역에서 재배된 역사 때문에 알리자린은 터키 레드로 불렸다(꼭두서니의 원산지는 인도로 추정되며, 점차 페르시아와 시리아를 거쳐 터키로 넘어간 것이지만). 꼭두서니는 1776년 프랑스에 소개되어 18세기 말, 프랑스의 국부를 창출하는 가장 중요한 원천 가운데 하나가 되었다. 산업 지원을 위한 정부 보조금의 역사는 염료 산업과 더불어 시작되었는지도 모르겠다. 프랑스 국왕 루이 필리프는 프랑스 군대의 군복 바지를 터키 레드로 지정하는 칙령을 선포했다. 100여 년 전에는, 영국 국왕 제임스 2세가 영국 염색업자들을 보호하기 위해 염색되지 않은 천의 수출을 금지시켰다.

천연 염료를 사용하는 염색 공정은 품질이 일정하지 않고 노동력과 시간이 많이 드는 작업이었지만, 일단 이 공정을 거친 터키 레드는 색상이 밝고 아름다우며 쉽게 바래지도 않았다. 당시 염색 공정은 화학 지식을 기반으로 한 것은 아니었다. 오늘날 시각으로 보면 그 당시 염색 공정들의 일부는 다소 이상하게 보이기도 하는데 아마 불필요한 공정들이었지 않나 싶다. 당시 염색업자들의 핸드북을 보면, 독립적인 염색 공정 10가지 중 상당수가 1번 이상 반복되고 있었는데, 예를 들면 나뭇재 용액이나 비눗물에 직물과 실을 삶는 공정, 올리브유와 백반과 백악으로 만든 매염제에 담그는 공정, 양의 대변이나 무두질 재료나 주석염으로 처리하는 공정, 강물로 밤새도록 행구는 공정, 꼭 두서너 번 염색하는 공정 등이 그러했다.

터키 레드의 빨간색이나 알리자린의 여러 색상들은 알리자린의 분자 구조에 기인한 것이다. 알리자린은 안트라퀴논 유도체(anthraquinone derivative)로, 안트라퀴논은 자연계에서 볼 수 있는 수많은 색소의 모(母)화합물이다. 곤충, 식물, 균류, 이끼류 등에서 볼 수 있는 안트라퀴논 유도체는 쉰 가지가 넘는다. 인디고의 모화합물인 인디컨이 무색인 것처럼 알리자린의 모화합물인 안트라퀴논도 무색이다. 그러나 안트라퀴논의 유도체인 알리자린은 유색인데, 이는 다음 그림에서 보는 바와 같이 알리자린의 오른쪽 고리(짝 결합)에 결합되어 있는 2개의 OH기가 충분한 컨주게이션(conjugation, 2개 이상의 다중 결합이 단일 결합을 하나씩 사이에 끼고 존재하며, 이들 결합이 상호 작용을 일으키는 현상——옮긴이)을 제공해서 알리자린이 가시광선을 흡수할 수 있도록 하기 때문이다.

안트라퀴논(무색)   알리자린(빨간색)

이런 종류의 화합물들의 색상은 분자 구조 내의 고리의 개수보다 OH 기의 개수의 영향을 더 많이 받는다. 이 같은 사실은 나프토퀴논 유도체(naphthoquinone derivatives, 안트라퀴논은 3개의 고리를 가진 반면 나프토퀴논은 2개의 고리를 가졌다.)를 통해서도 알 수 있다.

나프토퀴논(무색)   주글론(갈색)   로손(주황)

나프토퀴논은 무색인 반면, 나프토퀴논 유도체인 주글론(juglone, 호두에 들어 있는 물질)과 로손(lawsone, 인도에서 수세기 동안 머리카락 염색과 피부염색에 사용되어온 헤나에 들어 있는 물질)은 유색이다. 나프토퀴논 유도체

중에는 아래 에키노크롬(echinochrome, 성게류에 들어 있는 빨간색 물질)처럼 1개 이상의 OH기를 가지는 것도 있다.

에키노크롬(빨간색)

안트라퀴논 유도체로는 알리자린 외에 카민산(carminic acid)이 있다. 연지벌레(*Dactylopius coccus*) 암컷을 갈아서 얻는 카민산은 알리자린과 더불어 고대부터 사용된 붉은색 염료, 코치닐(cochineal)의 주성분이다. 카민산에는 수많은 OH기가 달려 있다.

카민산(진홍색)

코치닐은 스페인의 정복자 에르난 코르테스가 신대륙에 상륙(1519년)하기 훨씬 전부터 아스텍 인들이 사용한 염료였다. 코르테스는 유럽에 코치닐을 소개했지만 코치닐의 출처는 18세기까지 비밀로 부쳐졌다. 이는 소중한 진홍색 염료(코치닐)를 스페인이 독점하기 위한 것이었다. 훗날 영국군은 코치닐로 염색한 군복 재킷 때문에 '레드코츠(redcoats)'로 불렸다. 20세기 초반까지만 해도 영국 정부와 영국 염색업자들은 직물을 생산할 때 코치닐을 사용한다는 계약을 맺었다. 이것은 염색 산업에 대한 정부 지원의 또 하나의 예로 볼 수 있다(그 당시 영국의 식민지였던 서인도 제도는 코치닐의 주요 생산지였다.).

코치닐은 카민(carmine)이라고도 불렸는데 그 가격이 매우 비쌌다. 1킬로그램의 코치닐을 생산하려면 약 1만 5000마리의 연지벌레가 필요했다. 크기가 작은 연지벌레를 건조시켜 놓으면 생긴 모양이 곡물과 비슷해진다. 그래서 멕시코, 중앙아메리카, 남아메리카 같은 열대 지역의 선인장 농원(연지벌레는 선인장에 기생한다.)에서 자루에 담아 스페인으로 수송되는 연지벌레에 '진홍색 곡물'이라는 이름이 붙었다. 오늘날 주요 코치닐 생산국은 페루이다. 페루는 연간 약 400톤의 코치닐을 생산하는데 이는 전 세계 생산량의 약 85퍼센트에 달하는 양이다.

아스텍 인뿐만 아니라 고대 이집트 인들도 곤충에서 염료를 추출해 사용했다. 고대 이집트 인들은 왕공깍지벌레의 일종인 코쿠스 일리키스(*Coccus ilicis*)라는 벌레에서 추출한 붉은 즙을 의복 염색에 사용했으며 특히 여성들은 입술에 바르는 연지로 사용했다. 이 즙의 주요 색소 성분인 커미스산(kermesic acid)은 아스텍 인들이 사용한 코치닐의 카민산과 분자 구조가 매우 유사하다. 그러나 커미스산은 카민산과 달리 널리 사용되지는 못했다.

커미스산, 코치닐, 티리언 퍼플은 모두 동물에서 나온 것이지만 염색업자들이 사용하는 대부분의 시작 물질은 식물에서 나온다. 파란

카민산(진홍색)

커미스산(밝은 빨강)

색 염료(인디고)가 나오는 인도남과 대청, 빨간색 염료가 나오는 꼭두서니가 대표적인 예이다. 파랑, 빨강에 이어 염료의 3원색 가운데 마지막으로 얘기할 세 번째 색상은 사프란(*Crocus sativus*)이라는 식물에서 나온 밝은 귤색이다. 사프란은 꽃의 암술머리에서 얻는다(꽃가루를 받는 부분인 암술머리에 붙은 꽃가루는 자라서 씨방으로 내려가게 된다.). 사프란은 지중해 동부가 원산지로 기원전 1900년, 크레타 섬의 고대 미노스 문명에서 사용되었다. 사프란은 중동 전역에서 광범위하게 사용되었고 로마 시대에는 염료, 향신료, 의약품, 향수로 사용되었다.

한때 유럽에서 널리 재배되었던 사프란은 산업 혁명이 일어나자 시들해졌는데 여기에는 두 가지 이유가 있었다. 첫째, 노동력 부족 때문이었다. 직접 손으로 꽃송이를 따야할 뿐만 아니라, 꽃송이에 들어 있는 3개의 암술머리도 하나씩 따서 모아야 했는데 당시 노동자들은 도시의 공장에서 일하기 위해 이미 대규모로 농촌을 떠나 버린 상태였다. 두 번째 이유는 화학적인 이유였다. 사프란은 밝고 아름다운 색상을 보여 줬지만(특히 양모를 염색할 때) 지속성이 나빠 색상이 그다지 오래가지 못했다. 인공 염료가 개발되자 한때 거대했던 사프란 산업은 차츰 자취를 감추게 되었다.

지금도 사프란은 스페인에서 전통 방식 그대로(해 뜨자마자 손으로 일일이 꽃을 따서) 재배되고 있다. 재배된 사프란의 대부분은 이제 스페인의 파에야나 프랑스의 부야베스 같은 전통 음식의 향미와 색을 내는 데 사용되고 있다. 사프란은 노동 집약적인 재배 방식 때문에 오늘날 세계에서 가장 값비싼 향신료이다(1그램의 사프란을 만들기 위해 420개의 암술머리가 필요하다.).

사프란 특유의 귤색은 크로세틴(crocetin) 분자 때문이다. 크로세틴의 구조는 주황색을 내는 β-카로틴과 유사하다. 다음 그림에서 중괄호로 표시한 부분을 보면 7개의 짝 이중 결합으로 연결된 사슬이 사프란과 β-카로틴에 공통으로 들어 있음을 볼 수 있다.

염색이 가내 수공업에서 출발한 것은 의심의 여지가 없는 사실이고 지금도 어느 정도 가내 수공업으로 이루어지고 있지만, 염색이 산업으로 자리 잡은 것은 이미 수천 년 전이었다. 기원전 236년에 기록된 이집트 파피루스(papyrus)를 보면 염색업자를 "온몸에 생선 냄새가 진동하고 쉴 새 없는 작업으로 눈과 팔이 지친 사람들"이라고 묘사하고 있다. 염색업자들의 길드(guild)는 중세 시대 훌륭하게 형성되었

크로세틴 – 사프란의 색상

β-카로틴 – 당근의 색상

고, 염색 산업은 북유럽의 양모 산업, 이탈리아와 프랑스의 비단 산업과 더불어 번성했다. 노예들의 노동으로 재배된 인디고는 18세기 동안 미국 남부의 주요 수출 작물이었다. 면화는 영국의 주요 생필품이 되었고, 이에 따라 염색업자들에 대한 수요도 급증했다.

실험실에서 탄생한 염료들

1700년대 후반부터 생산되기 시작한 합성 염료는 수세기 동안 지속되던 염색업의 관행을 바꿔 놓았다. 최초의 인공 염료는 피크르산(picric acid)이다. 피크르산은 질산기가 3개 결합되어 있는 분자인데

제1차 세계 대전에 탄약으로 사용되었던 물질이다.

피크르산(트라이나이트로페놀)

피크르산은 페놀 화합물 가운데 하나로, 1771년 처음 합성되었고 1788년경부터 양모와 비단의 염료로 사용되었다. 피크르산은 놀라울 정도의 강렬한 노란색을 만들어 냈지만 수많은 나이트로 화합물이 공통적으로 갖고 있는 결점도 갖고 있었다. 바로 폭발성이었다. 폭발성은 염색업자들이 천연 황색 염료로 작업할 때는 고민하지 않던 문제였다. 게다가 피크르산은 두 가지 결점이 더 있었다. 첫째는 만들기가 수월치 않았다는 점이고, 둘째는 색의 고착성이 떨어진다는 점이었다.

1868년 합성 알리자린이 상용화되었는데 합성 알리자린은 품질도 좋고 공급도 원활했다. 1880년에는 합성 인디고가 상용화되었다. 이들 합성 염료 외에도 그때까지 볼 수 없었던 전혀 새로운 합성 염료들, 즉 밝고 선명한 색상을 제공하면서 색이 바래지 않고 일정한 염색 품질을 제공하는 합성 염료들이 세상에 나왔다. 1856년, 18세의 윌리엄 헨리 퍼킨은 염료 산업을 송두리째 바꿔 놓는 한 인공 염료를 합성해 냈다. 당시 퍼킨은 런던 왕립 화학 대학 학생이었다. 퍼킨의 아버지는 화학에는 무관심한 건축업자였고 화학을 공부해서는 돈을 벌 수 없다고 생각하던 사람이었다. 하지만 퍼킨은 아버지의 생각이 틀렸음을 증명했다.

1856년, 퍼킨은 부활절 기간 동안 자기 집에 설치한 자그마한 실험실에서 말라리아 특효약인 퀴닌(quinine)을 합성해 보기로 결심했다. 퍼킨의 스승이자 런던 왕립 화학 대학 교수였던 독일인, 아우구스트 호프만은 콜타르(석탄 가스를 만들고 남은 기름기 있는 찌꺼기)의 특정 성분(석탄산을 의미, 퍼킨이 퀴닌 합성 실험을 한 지 몇 년 뒤, 의사 조지프 리스터는 석탄산에서 페놀을 얻는다.)으로 퀴닌을 합성할 수 있다고 확신하고 있었다. 퍼킨이 퀴닌 합성 실험을 하던 당시, 퀴닌의 화학 구조는 알려지지 않았지만 말라리아 치료제로서의 효능 때문에 공급이 수요를 따라가지 못하고 있었다. 영국을 비롯한 유럽 각국은 자신들의 식민지를 인도, 아프리카, 동남아시아 지역으로 확장해 나가고 있었는데 이 지역들은 말라리아가 창궐하는 지역이었고, 퀴닌은 말라리아의 유일한 예방약이자 치료제였다. 퀴닌은 남아메리카 킨코나(*Cinchona*) 속 나무 껍질에서 얻었는데 과도한 채취로 킨코나 속 나무는 점점 희귀해지고 있었다.

퀴닌을 화학적으로 합성할 수만 있다면 위대한 업적을 달성하는 셈이 되겠지만 퍼킨의 실험은 단 한 번도 성공하지 못했다. 그러던 중 퍼킨은 한 실험에서 검은 물질을 얻었는데 이 물질을 에탄올에 넣었더니 진한 자주색 용액이 되었고 여기에 비단 몇 조각을 담갔더니 자주색으로 물드는 것이었다. 자주색으로 물든 비단 조각은 뜨거운 물과 비눗물에 담가도 색이 바래지 않았다. 퍼킨이 이 비단 조각을 햇빛에 노출시켜 보았으나 역시 색이 바래지 않았다. 비단의 색은 선명한 라벤더 퍼플(lavender purple)로 고착되었다. 퍼킨은 자주색이 염색 산업에서 귀하고 값비싼 색상이라는 사실 또한 알고 있었고 면과 비단을 염색했을 때 색상이 바래지 않는 자주색 염료는 상업적으로 가능성 있다는 것을 알고 있었다. 퍼킨이 스코틀랜드에서 업계 선두를 달리고 있는 염색 회사에 견본을 보냈더니 그곳에서 다음과 같은 긍정적인 답변이 돌아왔다. "당신이 발견한 염료를 사용해도 제품 원가에 큰 영향을 미치지 않는다면 이것은 지금까지 나온 염료 중 가장 소중한 염료 가운데 하나임이 분명합니다."

퍼킨이 듣고 싶어 했던 바로 그 대답이었다. 퍼킨은 런던 왕립 화학대학을 그만두고 아버지로부터 재정적 지원을 받아 자신의 발견을 특허 내고 작은 공장을 세워 자신이 발견한 염료를 적정 가격으로 대량 생산해 냈으며, 비단 염색뿐만 아니라 양모와 면을 염색하는 문제까지 연구했다. 퍼킨이 발견한 염료의 자주색 색상, 즉 모브(mauve, 담자색——옮긴이)는 1859년 패션업계를 강타했다. 모브는 프랑스 황후 으제니를 위시해 프랑스 궁정이 가장 선호하는 색상이 되었다. 빅토리아 여왕은 공주의 결혼식에 모브 드레스를 입고 나갔으며 1862년 런던 박람회 개회 선언에서도 모브 드레스를 입었다. 모브가 영국 왕실 및 프랑스 왕실의 지원에 힘입어 그 인기가 하늘로 치솟으면서 1860년대는 모브 시대로 불리게 되었다. 급기야 모브는 1880년대 후반까지 영국 우체국의 일부인(日附印) 잉크로도 사용되었다.

퍼킨은 자신이 발견한 염료, 즉 모브 색상을 구현한 염료를 모베인(mauveine)으로 불렀는데, 모베인의 발견은 광범위한 파급 효과를 미쳤다. 모베인의 합성은 유기 화합물에 대한 최초의 진정한 다단계 합성이었다. 모베인 합성 이후 뒤이어 수많은 유사 공정들이 개발되어 석탄 가스 산업의 부산물로 생성된 콜타르에서 다양한 색상의 합성 염료가 만들어졌다. 이 염료들은 집합적으로 콜타르 염료 또는 아닐린 염료(aniline dyes)라고 불린다. 19세기 말, 산업 현장에서 사용되는 염료는 약 2000종에 달했다. 화학 염료 산업이 수천년의 역사를 지닌 천연 염료 산업을 사실상 대체한 것이다.

퍼킨은 퀴닌으로 돈을 벌지는 못했지만 모베인의 발견과 이후 다른 염료들의 발견으로 엄청난 부를 쌓았다. 퍼킨은 화학을 공부하면 부자가 될 수 있다는 사실을 보여 준 최초의 인물이었고, 퍼킨의 아버지는 화학으로 돈을 벌 수 없다던 자신의 생각을 철회할 수밖에 없었다. 또한 퍼킨의 발견으로 구조 유기 화학(분자 내의 원자들이 정확히 어떻게 연결되어 있는지 결정하는 화학의 한 분과)의 중요성이 강조되었다. 알리자린이나 인디고 같은 천연 염료의 화학 구조뿐만 아니라 새로운 염료들의 화학 구조도 연구할 필요가 있었다.

모베인을 만들어 낸 퍼킨의 실험은 잘못된 화학적 가정에 기초를 둔 것이었다. 당시 퀴닌의 화학식은 $C_{20}H_{24}N_2O_2$로 결정되어 있었지만 퀴닌의 구조에 대해서는 알려진 바가 거의 없었다. 알릴톨루이딘 (allyltoluidine)의 화학식이 $C_{10}H_{13}N$라는 사실에 생각이 미친 퍼킨은 알릴톨루이딘 분자 2개를 결합시킬 때 다이크로뮴산칼륨(potassium dichromate)을 산화제로 넣으면 산소가 충분히 공급되어 꼭 퀴닌이 생성될 것만 같은 생각이 들었다.

$$2C_{10}H_{13}N + 3O \longrightarrow C_{20}H_{24}N_2O_2 + H_2O$$

알릴톨루이딘　　　산소　　　퀴닌　　　　물

화학식의 관점에서 보면, 퍼킨의 생각은 합리적으로 보이지만 이 반응은 일어나지 않는다. 알릴톨루이딘과 퀴닌의 실제 구조에 대한 지식 없이 한 분자를 다른 분자로 바꾸는 데 필요한 일련의 화학 단계를 고안해 낸다는 것은 불가능한 일이었다. 퍼킨이 만든 모베인이 애초에 합성하고자 했던 퀴닌과 화학적으로 매우 다른 이유가 여기에 있다.

　모베인의 구조는 아직까지 해명되지 않은 부분이 있다. 퍼킨이 콜타르에서 분리해 낸 시작 물질은 불순물이 섞여 있었기 때문에 모브는 모베인을 비롯한 기타 화합물들이 서로 밀접한 관련을 맺어 만들어진 색상으로 여겨진다. 다음 그림은 모브를 만들어내는 모베인의 주요 구조식으로 추정되는 그림이다.

모베인의 구조식(일부). 모베인은 모브 색상을 구현하는 염료이다.

　모브(모브는 담자색을 일컫는 말이기도 하고 모베인을 일컫는 말이기도 하다. 여기서는 모베인을 의미한다.)를 상업적으로 대량 생산해 내겠다는 퍼킨의 결심은 분명 지나친 자신감이었다. 젊고 순진한 화학과 학생이었던 그는 염료 산업에 대한 지식이 거의 없었을 뿐만 아니라 화학 물질의 대량 생산 경험도 전무했다. 게다가 퍼킨의 합성법은 수율(收率, 화학 반응을 통해 어떤 물질을 얻고자 할 때, 실제로 얻은 양과 이론적으로 기대했던 양을 백분율로 나타낸 것 — 옮긴이)이 너무 낮아 실제로 얻을 수 있는 양은 많아야 이론적 기대량의 5퍼센트 정도밖에 되지 않았다. 또한 시작 물질인 콜타르의 안정적인 공급을 확보하는 일은 정말 어려운 일이었다. 노련한 화학자가 이런 문제에 봉착했다면 기운이 꺾여 감히 엄두를 못 냈을 것이다. 퍼킨의 성공은 자신의 경험이 부족하다는 사실에 주눅 들지 않고 과감하게 도전한 퍼킨의 정신이 어느 정도 기여했다고 할 수 있다. 모브 제조에 참고할 만한 아무런 공정 없이 새로운 장비와 공정을 고안하고 실험해야 했던 퍼킨은 합성 공정을 대규모로 진행하는 데 방해가 되었던 문제들을 해결해 나갔다. 철제 용기를 쓰면 공정 중 산에 의해 부식될 염려가 있으므로 대형 유리 용기를 제조했고 화학 반응의 과열을 방지하기 위해 냉각 장치를 사용했으며 폭발이나 독가스 누출과 같은 위험들도 통제했다. 1873년, 퍼킨은 15년 동안 운영하던 공장을 매각했다. 부자로 은퇴한 그는 자신의 집에 마련한 실험실에서 화학을 연구하며 여생을 보냈다.

염료와 화학 산업의 흥망성쇠

오늘날 염료 산업은 화학적으로 합성된 인공 염료를 주로 생산하고 있지만, 염료 산업은 유기 화학 산업(항생제, 폭발물, 향수, 페인트, 잉크, 살충제, 플라스틱 등을 생산)의 모태이기도 하다. 유기 화학 산업이 본격적으로 발달한 곳은 영국이나 프랑스가 아니라(영국은 모브의 탄생지였고 프랑스는 수세기 동안 염료와 염색이 매우 중요한 산업이었다.) 과학 기술을 바탕으로 거대 유기 화학 제국을 만든 독일이었다. 원래 화학이 먼저 발달한 나라는 영국으로 표백, 날염, 요업 제품, 도기, 자기, 유리 제조, 무두질, 양조, 증류 등에 필요한 원재료를 공급하면서 독일보다 먼저 강력한 화학 산업을 일궈 놓았다. 하지만 이런 원재료들의 대부분은 나뭇재, 석회, 소금, 소다, 산, 황, 백악, 점토 등과 같은 무기 화합물이었다.

독일이, 그리고 독일보다 비중은 좀 떨어지지만 스위스가 합성 유기 화학의 주도국이 된 데에는 몇 가지 이유가 있다. 1870년대 영국 및 프랑스의 많은 염료 제조 회사들은 염료 및 염료 제조 공정에 대한 일련의 끊임없는 특허 분쟁으로 도산하고 말았다. 이런 상황에서 영국의 대표적인 기업가 퍼킨이 은퇴하고 퍼킨의 뒤를 이을(필수 화학 지식과 제조 기술과 사업 재능을 지닌) 사람이 없었다. 아마도 영국은 이런 상황들이 국익에 반하는 줄 몰랐던 것 같다. 영국은 한창 성장하고 있던 합성 염료 산업에 원재료를 대주는 나라로 전락하고 말았다. 과거 영국은 원재료를 수입해 완제품을 만들어 수출함으로써 산업상의 우위를 점했는데 이번에는 콜타르의 유용성과 합성 화학 산업의 중요성을 깨닫지 못한 덕분에 독일에게 이득을 안겨 주는 중대한 실수를 범하고 말았던 것이다.

독일의 염료 산업이 성장할 수 있었던 또 하나의 이유는 산학 협력이었다. 화학 연구가 대학의 특권으로 치부되었던 다른 나라와 달리 독일학계는 산업 당국과 긴밀히 연구하는 경향이 있었다. 이런 산학 협력이야말로 독일 화학 산업이 성장할 수 있는 원동력이 되었다. 유기 화합물의 분자 구조에 대한 지식과 유기 합성 반응의 화학 단계에 대한 과학적인 이해가 없었다면 과학자들은 정교한 기술(이 기술은 훗날 현대 약학으로 발전한다.)을 개발할 수 없었을 것이다.

독일 화학 산업은 3개의 화학 회사가 주축이 되어 성장했다. 1861년, 독일 최초이자 최대의 화학 회사, 바스프가 라인 강 유역의 루트비히스하펜에 세워졌다. 바스프는 원래 소다회(무수 탄산나트륨)나 가성 소다(수산화나트륨) 같은 무기 화합물을 생산하기 위해 세워졌지만 곧 염료 산업에도 진출했다. 1868년, 두 명의 독일 화학자 카를 그레베와 카를 리베르만이 최초의 합성 알리자린을 제조했음을 발표했다. 바스프의 수석 화학자 하인리히 카로는 베를린에서 이들을 만나 상업적으로 가능성 있는 합성 알리자린 생산을 위해 힘을 모았다. 20세기 초, 바스프는 약 2000톤의 합성 알리자린을 생산했고 이후 꾸준히 성장해 오늘날 전 세계 5대 화학 회사에 들게 되었다.

독일 2위의 화학 회사인 회히스트(Hoechst)는 바스프보다 1년 늦게 설립되었다. 회히스트는 원래 아닐린 레드(aniline red, 마젠타(magenta) 혹은 푹신(fuchsine)으로 알려진 선명한 붉은색의 염료)라는 염료를 생산하기 위해 설립되었는데 이 회사 화학자들이 알리자린 합성법을 특허 내면서 많은 돈을 벌었다. 아닐린 레드는 바스프와 회히스트는 상당한 규모의 돈을 투자해 수년간의 연구 끝에 합성 인디고를 만들어 냈는데 여기서도 많은 돈을 벌어들였다.

독일 3위의 화학 회사, 바이엘 사(Bayer and Company)도 합성 알리자린 시장을 이들 회사들과 나눠가졌다. 바이엘이란 이름을 들으면 아스피린(aspirin)이 가장 먼저 떠오르겠지만 1861년 설립된 바이엘은 처음에는 아닐린(aniline)이라는 염료를 생산했다. 아스피린은 1853년 합성되었지만 바이엘이 합성 염료(특히 알리자린)에서 벌어들인 돈을 사업 다각화의 일환으로 제약 업종에 투자해 아스피린을 시장에 내 놓은 것은 1900년경이었다.

1860년대, 이 세 회사의 합성 염료 생산량은 전 세계 생산량의 극히 일부분에 지나지 않았다. 하지만 1881년, 이들의 합성 염료 생산량은 전 세계 생산량의 절반을 차지하게 되었다. 20세기로 넘어올 무렵 전 세계 합성 염료 생산량이 엄청나게 증가했음에도 불구하고 독일은 전 세계 염료 시장의 거의 90퍼센트를 독차지했다. 제1차 세계 대전이 발발하자 독일 정부는 염료 회사들을 정교한 제품(폭발물, 독가스, 약, 비료, 전쟁에 필요한 기타 화학 물질 등과 같은)을 생산하는 군수 회사로 전용할 수 있었다.

제1차 세계 대전이 끝나자 독일 경제와 독일 화학 산업은 어려움에 처했다. 1925년, 불경기 상황을 경감시켜 보려는 희망으로 독일의 주요 화학 회사들이 합병해서 거대 복합 기업 이게 파르벤(IG Farben, Interessengemeinschaft Farbenindustrie Aktiengesellschaft, 염료업계 회사들의 카르텔)을 설립했다. '이익 공동체'를 의미하는 Interessengemeinschaft라는 말 그대로 이 합병은 독일 화학 제조 기업 공동체를 위한 것이었다. 기업 구조 조정과 기업 회생을 거친 이게 파르벤은 이익의 상당 부분과 경제력을 연구에 투자했으며 제품 라인을 다각화했고 장차 화학 산업을 독점하겠다는 목표로 새로운 기술을 개발했다. 이게 파르벤이 분할되지 않았다면 지금쯤 세계에서 가장 거대한 카르텔이 되었을 것이다.

제2차 세계 대전이 발발하자 나치에 헌신적이었던 이게 파르벤은 아돌프 히틀러의 전쟁 수행에 중추적인 역할을 담당했다. 독일 군대가 유럽을 점령하고 지나가면 이게 파르벤은 독일이 점령한 국가들의 화학 공장과 제조 공장의 통제권을 넘겨받았다. 폴란드의 아우슈비츠 수용소에는 합성유와 합성 고무를 생산하는 대형 화학 공장이 세워졌다. 수용소의 재소자들은 공장에서 강제 노동을 해야 했고 신약 개발의 피실험자가 되었다.

제2차 세계 대전이 끝나자 이게 파르벤의 경영자 가운데 9명이 재판에 회부되었고 점령지에서 행한 약탈 및 재산 침해로 유죄를 선고받았다. 이 가운데 4명의 경영자는 전범자들과 민간인들을 강제 노동시킨 죄와 비인도적으로 다룬 죄로 유죄 선고를 받았다. 이게 파르벤의 성장은 여기서 멈추고 그 영향력도 여기서 막을 내렸다. 이 거대 화학 그룹은 분할되어 원래의 독일 화학 3인방(바스프, 회히스트, 바이엘)으로 다시 돌아왔다. 이후 이 세 회사들은 지속적으로 번창하고 발전해서 오늘날 유기 화학 산업(플라스틱 및 직물에서 약품 및 합성 오일에 이르는)의 상당한 규모를 차지하고 있다.

염료는 인류 역사를 바꿔 놓았다. 수천년 동안 천연 재료에서 얻어지던 염료에서 인류 최초의 산업 몇 가지가 형성되었다. 색상에 대한 수요 증가와 더불어 길드와 공장, 도시, 무역도 성장했다. 합성 염료가 출현하면서 세계는 한순간에 일변했다. 천연 염료를 구하던 전통적인 방법은 사라지고 퍼킨이 모브를 합성한 지 채 1세기도 지나기 전에 거대 화학 복합 기업들이 염료 시장과 새롭게 싹튼 유기 화학 산업을 지배했다. 여기서 얻은 자본과 화학적 지식으로 오늘날의 항생제, 진통제, 기타 의약품 등이 대량 생산될 수 있었다.

모브는 이 엄청난 변화에 포함된 합성 염료 가운데 하나에 지나지 않지만 오늘날 많은 화학자들은, 학문적인 연구 대상이었던 유기 화학을 세계적인 주요 산업으로 바꿔놓은 분자는 모브라고 생각한다. 모브에서 화학 산업의 독점에 이르기까지, 영국의 한 10대 소년이 방학 동안 만들어 낸 염료가 세계사에 엄청난 영향을 끼친 것이다.

감사의 글

가족, 친구, 동료들의 열정적인 지지가 없었다면 이 책은 나오지 못했을 겁니다. 보내 주신 모든 제안과 비판에 감사드립니다.

이 책의 구조식과 화학식을 점검하는 데 기꺼이 시간을 내주신 뉴질랜드 오클랜드 대학교의 콘 캠비 교수님께 진심으로 감사드립니다. 교수님의 날카로운 안목과 후원이 이 책을 만드는 데 큰 힘이 되었습니다. 그러나 이 책에 잘못된 부분이 있다면 모두 저희 책임입니다.

제인 디스텔 출판 매니지먼트 사의 제인 디스텔 씨에게도 감사드리고 싶습니다. 디스텔 씨는 우리가 화학 구조와 역사 사건의 관계에 흥미를 느꼈을 때 이 이야기를 책으로 만들 수 있겠다는 가능성을 발견했습니다.

우리를 담당했던 타처/퍼트넘 출판사의 편집자, 웬디 허버트 씨는 편집 과정에서 화학에 대해 많은 것을 배웠다고 했습니다. 하지만 오히려 우리가 그녀에게서 더 많이 배웠다고 생각합니다. 이 책이 만들어질 수 있었던 것은 그녀의 조언 덕분이었습니다. 느슨한 결말을 허락하지 않았던 웬디 덕분에 우리는 이야기들을 유기적으로 긴밀하게 엮을 수 있었습니다.

끝으로, 우리보다 먼저 이 길을 걸어간 수많은 화학자들의 호기심과 창의력에 감사드립니다. 그분들의 노력이 없었다면 화학을 이해하고 매력을 느끼는 즐거움을 경험하지 못했을 겁니다.

옮긴이의 글 : 1권을 마치고

이 책은 화학이라면 왠지 막연하고 두렵고 거부감을 느끼는 분들, 혹은 학교에서 배우는 화학이 너무 재미없다 생각하는 분들, 혹은 자신이 너무 인문학 쪽만 편식하는 것이 아닌가 하는 의구심이 드는 분들을 위한 책이다. 화학식과 구조식 역시 이 책에서 전달하고 싶어 하는 물질의 작은 차이를 비교하는 그림일 뿐, 그저 '틀린(다른) 그림 찾기' 하는 기분으로 대하면 된다.

이 책은 '사이언스' 뿐만 아니라 '스토리'도 함께 다루고 있고, 그래서 감동적이다. 우리의 삶이 소설과 영화를 비롯한 다양한 문화 컨텐츠를 통해 고양된다고 할 때, 그 문화 컨텐츠의 힘은 바로 '스토리'에서 비롯된다고 할 수 있을 것이고, '스토리'의 원천은 인문, 사회, 자연과학으로 대변되는 기초 학문이라고 할 것이다. 이 책 또한 화학이라는 기초 학문이 있었기에 탄생할 수 있었고, 어쩌면 화학을 공부하고자 하는 미래의 꿈나무들에게는 평생 지니고 간직하게 될, 소중한 학문의 동기를 부여하는 좋은 계기가 될 수도 있다.

『나폴레옹의 단추(Napoleon's Buttons)』라는 제목의 원서를 굳이 두 권으로 나눈 것도 청소년이나 화학 비전공자들이 접근하기 쉽도록 하자는 옮긴이와 출판사의 바람 때문이다. 각 권은 원서의 순서대로 1권에서는 향신료에서 염료까지, 2권에서는 아스피린에서 항말라리아제까지 다루고 있지만 독자들은 순서에 구애받지 않고 어느 권, 어느

장부터 보아도 좋다. 자유롭게 전체를 다 읽고 나면 이 책에 등장하는 분자들이 서로 전혀 무관한 것이 아니라, 화학 구조와 특성 그리고 역사 속에서의 역할 면에서 깊은 연관성을 지니고 있음을 발견하게 될 것이다.

이 책에서 소개하고 있는 열일곱 가지의 화합물들은 연대기적 순서로 나열된 것이 아니다. 그보다는 한 단계 깊은 차원에서, 자연과 역사가 만들어 놓은 고리를 따라 꼬리에 꼬리를 물 듯 이어진다. 향신료의 캡사이신과 레몬의 아스코르브산은 대항해 시대를 통해 연결되고, 노예 무역과 산업 혁명이라는 역사적 사건은 포도당과 셀룰로오스라는 화합물을 통해 한데 묶인다. 자연과 역사가 교차하며 만들어 가는 흥미진진한 이야기를 저자들은 화학을 비롯해 물리학, 생물학, 경제학, 역사학 등 다양한 분야를 넘나드는 방대한 지식으로 좇아간다.

이 책의 서두를 여는 첫 주인공은 바로 나폴레옹의 단추이다. 러시아로 진군했던 나폴레옹의 군대가 패배한 원인을 군복 단추에서 찾을 수 있다는 것이다. 즉 주석으로 만들어진 군복 단추가 저온 상태에서 부스러져 추위를 이겨내지 못해 나폴레옹이 전쟁에 졌고, 그 화학 구조의 변화로 인해 결국 역사의 흐름마저 바뀌었다고 할 수 있다.

첫 번째 이야기에서 다루는 화학 물질들은 오늘날 전 세계 식탁 어디서나 볼 수 있는 흔한 향신료이다. 중세 시대 극소수만이 마음껏 소비할 수 있었던 귀한 향신료에 대한 수요가 점차 늘어남에 따라 대항해 시대가 열리게 된 것이다. 대항해 시대는 향신료 때문에 시작되었지만 비타민 C의 결핍 때문에 대항해 시대는 거의 막을 내리게 되었다. 두 번째 이야기에서 다루는 아스코르브산이 바로 비타민 C이다.

마젤란이 세계를 일주할 때 선원의 90퍼센트 이상이 괴혈병, 즉 비타민 C 결핍으로 사망했다. 선원들이 건강했더라면 마젤란은 일부러 필리핀에 정박할 필요 없이 항해를 계속해서 정향 시장을 독점하고 최초의 세계 일주자라는 영광을 누렸을 것이다.

한때였지만 설탕도 향료처럼 부자들만 누릴 수 있는 사치품이었다. 세 번째 이야기에서는 설탕의 주성분인 포도당을 집중적으로 들여다본다. 수백만 명의 아프리카 흑인들을 아메리카 대륙으로 끌고 온 장본인이 설탕이기도 하고, 18세기 초까지 산업 혁명이 태동할 수 있는 초기 자본을 제공했던 것도 역시 설탕이다. 네 번째 이야기에서 다루는 면화(셀룰로오스) 역시 노예 무역과 밀접한 관계가 있다. 19세기의 가장 중요한 사건 두 가지, 즉 산업 혁명과 미국 남북 전쟁이 면화로 인해 일어났다. 면화는 산업 혁명의 꽃이었고 농촌 공동화, 도시화, 빠른 산업화, 혁신과 발명, 사회 변화, 번영을 거치면서 영국의 모습을 크게 바꿔 놓았다. 한편 미국은 면화 때문에 건국 이래 최대 위기를 맞이했는데, 북부는 노예 제도 폐지를 주창했고 남부의 경제 체제는 노예의 노동력으로 재배한 면화를 기반으로 했기 때문이다. 한편 이 면 섬유를 이용한 실험에서 만들어진 나이트로셀룰로오스가 화약을 대체하기 시작했다.

다섯 번째 이야기에서 다루는 폭약은 대부분 나이트로기를 공통으로 갖고 있는 물질이다. 바스코 다 가마가 캘리컷을 정복했을 때, 에르난 코르테스가 소수의 스페인 군대를 이끌고 아스텍 제국을 정복했을 때, 폭약은 화살, 창, 칼보다 우위에 있었다. 또한 노벨이 만든 다이너마이트는 전쟁에 쓰이기도 하고 거대 발파 공사 등에 쓰이는 등

전쟁과 평화 양쪽에서 위력을 발휘했다.

나이트로셀룰로오스에서 뽑아낸 샤르도네 비단은 인조 비단의 하나다. 여섯 번째 이야기에 등장하는 나일론은 인간이 만든 섬유 중 비단의 특성을 가장 가깝게 흉내 낸 인조 비단이다. 비단과 나일론은 비슷한 유산을 공유하고 있다. 이 유산은 단순히 둘 사이의 화학 구조가 비슷하다거나 스타킹과 낙하산 용도에 매우 적합하다는 차원 이상의 것이었다. 두 중합체 모두 자기만의 방식으로 자신의 시대에서 세계 경제 번영에 지대한 영향을 끼쳤다.

인간이 만든 최초의 진정한 합성 물질은 일곱 번째 이야기에 등장하는 페놀이다. 페놀은 대항해 시대를 열었던 향신료 분자와 유사한 화학 구조(벤젠 고리)를 가진 물질(석탄산)에서 만들어졌으며 다소 무작위적인 교차 결합을 갖고 있다. 페놀은 또 하나의 시대, 플라스틱 시대를 열었고 외과 수술, 멸종 위기에 처한 코끼리, 사진술, 바닐라 같은 다양한 주제들과 연관을 맺으며 역사의 진보에서 매우 중요한 역할을 담당했다.

여덟 번째 이야기에서는 플라스틱과 함께 지금도 세상을 변화시키고 있는 고무(아이소프렌)를 살핀다. 아마존 강 유역에서 공놀이할 때 쓰이던 고무가 우주 왕복선의 운명을 좌우하는 부품으로 자리잡기까지, 고무는 일상 생활과 각 산업 분야에 널리 퍼졌다. 고무가 없었다면 세상을 엄청나게 바꾼 기계화는 불가능했을 것이다.

1권의 마지막 이야기에는 염료가 등장한다. 천연 염료를 바탕으로 인류 최초의 산업 몇 가지가 형성되었고, 염료에 대한 수요 증가와 더불어 길드, 공장, 도시, 무역이 성장했다. 윌리엄 퍼킨이 모브라는 합성 염료를 발견하면서 세계는 한순간에 일변했다. 천연 염료를 구하던 전통적인 방법은 사라지고, 화학 복합 기업들이 염료 시장과 새롭게 싹튼 유기 화학 산업을 지배했다.

2권에서는 여기서 얻은 자본과 화학적 지식으로 오늘날의 항생제, 진통제, 기타 의약품 등이 대량 생산되면서 달라진 역사를 낱낱이 다룰 예정이다. 피임약 전파나 마녀 사냥과 관련된 여성의 지위, 모르핀과 니코틴과 카페인 등의 중추 신경 자극 물질이 근현대사에 끼친 영향, 올레산과 소금과 같이 역사가 오랜 물질들을 비롯해 마취제, 냉각제, 절연재, 살충제 등 새로운 염화탄소 화합물까지, 세계를 지탱해 주기도 하고 무너뜨리기도 했던 다양한 화학 물질을 만나 보게 될 것이다.

중대한 역사적 사건이 분자처럼 작은 무언가에 의해 영향 받았을지도 모른다는 생각은 인류 문명의 발전을 이해하는 새로운 접근법을 제시해 준다. 분자 내 원자 결합의 작은 위치 변화가 물질의 성질을 크게 변화시킬 수도 있고 결과적으로 역사의 방향을 바꿔 놓을 수도 있다. 따라서 이 책은 화학의 역사에 대한 책이 아니라 역사 속의 화학에 대한 책이다. 아무쪼록 독자 제위께서 이 책을 통해 기분 좋은 지적 유희를 누리시길 바란다.

정해년 초입에서

곽주영

참고 문헌

Allen, Charlotte. "The Scholars and the Goddess." *Atlantic Monthly*. January 2001.

Arlin, Marian. *The Science of Nutrition*. New York: Macmillan, 1977.

Asbell, Bernard. *The Pill: A Biography of the Drug That Changed the World*. New York: Random House, 1995.

Aspin, Chris. *The Cotton Industry*. Series 63. Aylesbury: Shire Publications, 1995.

Atkins, P. W. *Molecules*. Scientific American Library series, no. 21. New York: Scientific American Library, 1987.

Balick, Michael J., and Paul Alan Cox. *Plants, People, and Culture: The Science of Ethnobotany*. Scientific American Library series, no. 60. New York: Scientific American Library, 1997.

Ball, Philip. "Whar a Tonic." *Chemistry in Britain* (October 2001): 26-29.

Bangs, Richard, and Christin Kallen. *Islands of Fire, Islands of Spice: Exploring the Wild Places of Indonesia*. San Francisco: Sierra Club Books, 1988.

Brown, G. I. *The Big Bang: A History of Explosives*. Gloucestershire: Sutton Publications, 1998.

Brown, Kathryn. "Scary Spice." *New Scientist* (December 23-30, 2000): 53.

Brown, William H., and Christopher S. Foote. *Organic Chemistry*. Orlando, Fla.: Harcourt Brace, 1998.

Bruce, Ginny. *Indonesia: A Travel Survival Kit*. Australia: Lonely Planet Publication, 1986.

Bruice, Paula Yurkanis. *Organic Chemistry*. Englewood Cliffs, N.J.: Prentice-Hall, 1998.

Cagin, S., and P. Day. *Between Earth and Sky: How CFCs Changed Our World and Endangered the Ozone Layer*. New York: Pantheon Books, 1993.

Champbell, Neil A. *Biology*. Menlo Park, Calif.: Benjamin/Cummings, 1987.

Carey, Francis A. *Organic Chemistry*. New York: McGraw-Hill, 2000.

Caton, Donald. *What a Blessing She Had Chloroform: The Medical and Social Responses to the Pain of Childbirth from 1800 to the Present*. New Haven: Yale University Press, 1999.

Chang, Raymond. *Chemistry*. New York: McGraw-Hill, 1998.

Chester, Ellen. *Woman of Valor: Margaret Sanger and the Birth Control Movement in America*. New York: Simon and Schuster, 1992.

Clow, A., and N. L. Clow. *The Chemical Revolution: A Contribution to Social Technology*. London: Batchworth Press, 1952.

Collier, Richard. *The River That God Forgot: The Story of the Amazon Rubber Boom*. New York: E. P. Dutton, 1968.

Coon, Nelson. *The Dictionary of Useful Plants*. Emmaus, Pa.: Rodale Press, 1974.

Cooper, R. C., and R. C. Cambie. *New Zealand's Economic Native Plants*. Auckland: Oxford University Press, 1991.

Davidson, Basil. *Black Mother: The Years of the African Slave Trade*. Boston: Little, Brown, 1961.

Davis, Lee N. *The Corporate Alchemists: The Power and Problems of the Chemical Industry*. London: Temple-Smith, 1984.

Davis, M. B., J. Austin, and D. A. Partridge. *Vitamin C: Its Chemistry and Biochemistry*. London: Royal Society of Chemistry, 1991.

DeBono, Edward, ed. *Eureka: An Illustrated History of Inventions from the Wheel to the Computer*. New

York: Holt, Rinehart, and Winston, 1974.

Delderfield, R. F. *The Retreat from Moscow*. London: Hodder and Stoughton, 1967.

Djerassi, C. *The Pill, Pygmy Chimps and Degas' Horse: The Autobiography of Carl Djerassi*. New York: Harper and Row, 1972.

DuPuy, R. E., and T. N. DuPuy. *The Encyclopedia of Military History from 3500 B. C. to the Present*. Rev. ed. New York: Harper and Row, 1977.

Ege, Seyhan. *Organic Chemistry: Structure and Reactivity*. Lexington, Mass.: D. C. Heath, 1994.

Ellis, Perry. "Overview of Sweeteners." *Journal of Chemical Education* 72, no. 8 (August 1995): 671-75.

Emsley, John. *Molecules at an Exhibition: Portraits of Instriguing Materials in Everyday Life*. New York: Oxford University Press, 1998.

Fairholt, F. W. *Tobacco: Its History and Associations*. Detroit: Singing Tree Press, 1968.

Feltwell, John. *The Story of Silk*. New York: St. Martin's Press, 1990.

Fenichell, S. *Plastic: The Making of a Synthetic Century*. New York: HarperCollins, 1996.

Fessenden, Ralph J., and Joan S. Fessenden. *Organic Chemistry*. Monterey. Calif.: Brooks/Cole, 1986.

Fieser, Louis F., and Mary Fieser. *Advanced Organic Chemistry*. New York: Reinhold, 1961.

Finniston, M., ed. *Oxford Illustrated Encyclopedia of Invention and Technology*. Oxford: Oxford University Press, 1992.

Fisher, Carolyn. "Spices of Life." *Chemistry in Britain* (January 2002).

Fox, Marye Anne, and James K. Whitesell. *Organic Chemistry*. Sudbury: Jones and Bartlett, 1997.

Frankforter, A. Daniel. *The Medieval Millennium: An Introduction*. Englewood Cliffs, N.J.: Prentice-Hall, 1998.

Garfield, Simon. *Mauve: How One Man Invented a Colour That Changed the World*. London: Faber and Faber, 2000.

Gilbert, Richard. *Caffeine, the Most Popular Stimulant: Encyclopedia of Psychoactive Drugs*. London: Burke, 1988.

Goodman, Sandra. *Vitamin C: The Master Nutrient*. New Canaan, Conn.: Keats, 1991.

Gottfried, Robert S. *The Black Death: Natural and Human Disaster in Medieval Europe*. New York: Macmillan, 1983.

Harris, Nathaniel. *History of Ancient Greece*. London: Hamlyn, 2000.

Heiser, Charles B., Jr. *The Fascinating World of the Nightshades: Tobacco, Mandrake, Potato, Tomato, Pepper, Eggplant, etc*. New York: Dover, 1987.

Herold, J. Christopher. *The Horizon Book of the Age of Napoleon*. New York: Bonanza Books, 1983.

Hildebrand, J. H., and R. E. Powell. *Reference Book of Inorganic Chemistry*. New York: Macmillan, 1957.

Hill, France. *A Delusion of Satan: The Full Story of the Salem Witch Trials*. London: Hamish Hamilton, 1995.

Hough, Richard. *Captain James Cook: A Biography*. New York: W. W. Norton, 1994.

Huntford, Roland. *Scott and Amundsen (The Last Place on Earth)*. London: Hodder and Stoughton, 1979.

Inglis, Brian. *The Opium Wars*. New York: Hodder and Stoughton, 1976.

Jones, Maitland, Jr. *Organic Chemisty*. New York: W. W. Norton, 1997.

Kauffman, George B. "Historically Significant Coordination Compounds. 1. Alizarin dye." *Chem 13 News* (May 1988).

Kauffman, George B., and Raymond B. Seymour. "Elastomers. 1. Natural Rubber." *Journal of Chemical Education* 67, no. 5 (May 1990): 422-25.

Kaufman, Peter B. *Natural Products from Plants*. Boca Raton, Fla.: CRC Press, 1999.

Kolander, Cheryl. *A Silk Worker's Notebook*. Colo: Interweave Press, 1985.

Kotz, John C., and Paul Treichel, Jr. *Chemistry and Chemical Reactivity*. Orlando, Fla.: Harcourt Brace

College, 1999.

Kurlansky, Mark. *Salt: A World History*. Toronto: Alfred A. Knopf Canada, 2002.

Lanman, Jonathan T. *Glimpses of History from Old Maps: A Collector's View*. Tring, Eng.: Map Collector, 1989.

Latimer, Dean, and Jeff Goldberg. *Flowers in the Blood: The Story of Opium*. New York: Franklin Watts, 1981.

Lehninger, Albert L. *Biochemistry: The Molecular Basis of Cell Structure and Function*. New York: Worth, 1975.

Lewis, Richard J. *Hazardous Chemicals Desk Reference*. New York: Van Nostrand Reinhold, 1993.

London, G. Marc. *Organic Chemistry*. Menlo Park, Calif.: Benjamin/Cummings, 1988.

MacDonald, Gayle. "Mauve with the Times." *Toronto Globe and Mail*, April 28, 2001.

Magner, Lois N. *A History of Life Sciences*. New York; Marcel Dekker, 1979.

Manchester, William. *A World Lit Only by Fire: The Medieval Mind and the Renaissance: Portrait of an Age*. Boston: Little, Brown, 1992.

Mann, John. *Murder, Magic and Medicine*. Oxford: Oxford University Press, 1992.

McGee, Harold. *On Food and Cooking: The Science and Lore of the Kitchen*. New York: Charles Scribner's Sons, 1984.

McKenna, Terence. *Food of the Gods*. New York: Bantam Books, 1992.

McLaren, Angus. *A History of Conception from Antiquity to the Present Day*. Oxford: Basil Blackwell, 1990.

McMurry, John. *Organic Chemistry*. Monterey, Calif.: Brooks/Cole, 1984.

Meth-Cohn, Otto, and Anthony S. Travis. "The Mauveine Mystery." *Chemistry in Britain* (July 1995): 547-49.

Miekle, Jeffrey L. *American Plastic: A Cultural History*. New Brunswick, N.J.: Rutgers University Press, 1995.

Milton, Giles. *Nathaniel's Natmeg*. New York; Farrar, Straus and Giroux, 1999.

Mintz, Sidney W. *Sweetness and Power: The Place of Sugar in Modern History*. New York: Viking Penguin, 1985.

Multhauf, R. P. *Neptune's Gift: A History of Common Salt*. Baltimore, Md.: Johns Hopkins University Press, 1978.

Nikiforuk, Andrew. *The Fourth Horseman: A Short History of Epidemics, Plagues, Famine and Other Scourges*. Toronto: Penguin Books Canada, 1992.

Noller, Carl R. *Chemistry of Organic Compounds*. Philadelphia: W. B. Saunders, 1966.

Orton, James M., and Otto W. Neuhaus. *Human Biochemistry*. St. Louis: C. V. Mosby, 1975.

Pakenham, Thomas. *The Scramble for Africa: 1876-1912*. London: Weidenfeld and Nicolson, 1991.

Pauling, Linus. *Vitamin C, the Common Cold and the Flu*. San Francisco: W. H. Freeman, 1976.

Pendergrast, Mark. *Uncommon Grounds: The History of Coffee and How It Transformed the World*. New York: Basic Books, 1999.

Peterson, William. *Population*. New York: Macmillan, 1975.

Radel, Stanley R., and Marjorie H. Navidi. *Chemistry*. St. Paul, Minn.: West, 1990.

Rayner-Canham, G., P. Fisher, P. Le Couteur, and R. Raap. *Chemistry: A Second Course*. Reading, Mass.: Addison-Wesley, 1989.

Robbins, Russell Hope. *The Encyclopedia of Witchcraft and Demonology*. New York: Crown, 1959.

Roberts, J. M. *The Pelican History of the World*. Middlesex: Penguin Books, 1980.

Rodd, E. H. *Chemistry of Carbon Compounds*. 5 vols. Amsterdam: Elsevier, 1960.

Rosenblum, Mort. *Olives: The Life and Lore of a Noble Fruit*. New York: North Point Press, 1996.

Rudgley, Richard. *Essential Substances: A Cultural History of Intoxicants in Society.* New York: Kodansha International, 1994.

Russell, C. A., ed. *Chemistry, Society and the Environment: A New History of the British Chemical Industry.* Cambridge: Royal Society of Chemistry.

Savage, Candace. *Witch: The Wild Ride from Wicked to Wicca.* Vancouver, B.C.: Douglas and McIntyre, 2000.

Schivelbusch, Wolfgang. *Tastes of Paradise: A Social History of Spices, Stimulants, and Intoxicants.* Translated by David Jacobson. New York: Random House, 1980.

Schmidt, Julius. Rev. and ed. by Neil Campbell. *Organic Chemistry.* London: Oliver and Boyd, 1955.

Seymour, R. B., ed. *History of Polymer Science and Technology.* New York: Marcel Dekker, 1982.

Snyder, Carl H. *The Extraordinary Chemistry of Ordinary Things.* New York: John Wiley and Sons, 1992.

Sohlman, Ragnar, and Henrik Schuck. *Nobel, Dynamite and Peace.* New York: Cosmopolitan, 1929.

Solomons, Graham, and Craig Fryhle. *Organic Chemistry.* New York: John Wiley and Sons, 2000.

Stamp, L. Dudley. The Geography of Life and Death. Ithaca, N.Y.: Carnell University Press, 1964.

Stine, W. R. *Chemistry for the Consumer.* Boston: Allyn and Bacon, 1979.

Strecher, Paul G. *The Merck Index: An Encyclopedia of Chemicals and Drugs.* Rahway, N.J.: Merck, 1968.

Streitwieser, Andrew, Jr., and Clayton H. Heathcock. *Introduction to Organic Chemistry.* New York: Macmillan, 1981.

Styer, Lubert. *Biochemistry.* San Francisco: W. H. Freeman, 1988.

Summers, Montague. *The History of Witchcraft and Demonology.* Castle Books, 1992.

Tannahill, Reay. *Food in History.* New York: Stein and Day, 1973.

Thomlinson, Ralph. *Population Dynamics: Causes and Consequences of World Demographic Changes.* New York: Random House, 1976.

Time-Life Books, ed. *Witches and Witchcraft: Mysteries of the Unknown.* Virginia: Time-Life Books, 1990.

Travis, A. S. *The Rainbow Makers: The Origins of the Synthetic Dyestuffs Industry in Western Europe.* London and Toronto: Associated University Press, 1993.

Visser, Margaret. *Much Depends on Dinner: The Extraordinary History and Mythology, Allure and Obsessions. Perils and Taboos of an Ordinary Meal.* Toronto: McClelland and Stewart, 1986.

Vollhardt, Peter C., and Neil E. Schore. *Organic Chemistry: Stucture and Function.* New York: W. H. Freeman, 1999.

Watts, Geoff. "Twelve Scurvy Men." New Scientist (February 24, 2001): 46-47.

Watts, Sheldon. *Epidemics and History: Disease, Power and Impericlism.* Wiltshire: Redwood Books, 1997.

Webb, Michael. *Alfred Nobel: Inventor of Dynamite.* Mississauga, Canada: Copp Clark Pitman, 1991.

Weinburg, B. A., and B. K. Bealer. *The World of Caffeine: The Science and Culture of the World's Most Popular Drug.* New York: Routledge, 2001.

Wright, James W. *Ecocide and Population.* New York: St. Martin's Press, 1972.

Wright, Lawrence. *Clean and Decent: The Fascinating History of the Bathroom and the Water Closet.* Cornwall: T.J. Press (Padstow), 1984.

찾아보기

마

바

옮긴이 **곽주영**

영남대학교 물리학과를 졸업하고 (주)삼성SDS에서 근무했다.
번역서로『위대한 물리학자』(공역)가 있다.

표지와 본문 일러스트레이션 **강모림**

1991년 만화계에 입문, 『여왕님! 여왕님!』(1991), 『달래하고 나하고』(1994),
『10, 20 그리고 30』(1995), 『아빠 어릴 적엔』(1997), 『샴페인 골드』(1999) 등을 냈으며
YWCA 좋은 작가상(1995)과 문화관광부 저작상(1998)을 수상한 바 있다.
『강모림의 재즈 플래닛』(2006)을 비롯, 다양한 작품 활동을 펼치고 있다.

역사를 바꾼 17가지 화학 이야기 1

비타민에서 나일론까지, 세계사 속에 숨겨진 화학의 비밀

1판 1쇄 펴냄 2007년 1월 27일
1판 37쇄 펴냄 2024년 1월 31일

지은이 페니 르 쿠터, 제이 버레슨
옮긴이 곽주영
펴낸이 박상준
펴낸곳 (주)사이언스북스

출판등록 1997. 3. 24. (제16-1444호)
(06027) 서울특별시 강남구 도산대로1길 62
대표전화 515-2000, 팩시밀리 515-2007
편집부 517-4263, 팩시밀리 514-2329
www.sciencebooks.co.kr

한국어판ⓒ (주)사이언스북스, 2007. Printed in Seoul, Korea.

ISBN 978-89-8371-192-2 03400 (1권)
ISBN 978-89-8371-191-5 (전2권)